站在巨人的肩上
Standing on the Shoulders of Giants

TURING 图灵原创

从区块链到Web3

构建未来互联网生态

黄华威 杨青林 林建入 郑子彬——著

人民邮电出版社
北京

图书在版编目（CIP）数据

从区块链到Web3 ：构建未来互联网生态 / 黄华威等著. -- 北京 ：人民邮电出版社，2023.10
（图灵原创）
ISBN 978-7-115-63173-2

Ⅰ. ①从… Ⅱ. ①黄… Ⅲ. ①区块链技术②信息经济 Ⅳ. ①TP311.135.9②F49

中国国家版本馆CIP数据核字(2023)第224016号

内 容 提 要

本书从区块链技术出发，结合元宇宙、NFT、DAO 等概念，对基于区块链的 Web3 生态进行了技术方面的探讨，并展望了 Web3 的未来发展趋势。本书介绍了 Web3 的发展历程、技术定义、应用场景等方面的内容，重点阐述了区块链技术如何赋能 Web3、元宇宙、NFT、DAO，并自底向上地从各个角度对 Web3 生态做了详细的剖析。本书还介绍了 Web3 的技术架构、以太坊平台、智能合约、区块链浏览器等方面的内容。

本书适合计算机相关专业的本科生、研究生，上公选课的各专业本科生，对 Web3 和元宇宙感兴趣的社会人士阅读。

◆ 著　　　　黄华威　杨青林　林建入　郑子彬
责任编辑　王振杰
责任印制　胡　南

◆ 人民邮电出版社出版发行　　北京市丰台区成寿寺路11号
邮编　100164　　电子邮件　315@ptpress.com.cn
网址　https://www.ptpress.com.cn
北京天宇星印刷厂印刷

◆ 开本：880×1230　1/32
印张：8.5　　　　2023年 10 月第 1 版
字数：182千字　　2023年 10 月北京第 1 次印刷

定价：69.80元

读者服务热线：(010)84084456-6009　印装质量热线：(010)81055316
反盗版热线：(010)81055315
广告经营许可证：京东市监广登字 20170147 号

推荐序一

区块链技术作为《"十三五"国家信息化规划》中提到的战略性前沿技术，被应用于金融服务、版权保护、公共管理、供应链管理等各个领域。中央对区块链技术、应用和产业的发展高度重视，国家各部委也相继出台一系列的措施加快推动相关技术和产业的创新。如今，各种以区块链技术为核心的新兴技术和应用处于蓬勃发展的萌芽期，新技术的爆发也使得一些新词汇走入大众的视野，比如"Web3 技术""元宇宙"和"去中心化自治组织"。可以预见的是，随着这些新兴产业的发展及新技术应用的普及，未来区块链技术将为人们的生活带来更多的便利和创新。

2021 年 12 月，《"十四五"数字经济发展规划》中将区块链技术作为加快推动数字产业化的关键技术之一。虽然区块链技术已发展多年，但是目前很多人对区块链技术的认知还停留在"炒币"层面，而"炒币"中的"币"，即"数字货币"，也仅仅是区块链技术的众多应用之一。随着元宇宙的兴起，以区块链为基础的新技术和新概念开始进入大众的视野，但由于这些概念比较新颖，因此很多人对它们的理解还比较浅显，同时网络上对这些概念的解释也存在很多争议和不同的观点，这对新技术的入门和普及确实造成了一定的阻碍。因此，本书对区块链技术及其应用进行了全面的介绍，同时也深入探讨了一些新兴技术和概念的国内外发展现状，作者还给出了自己的见解和思考。这些内容的全面探讨可以帮助读者更好地理解新兴技术的本质和特点，也为人们的实际应用提供了重要的参考和指导。从经典案例到风险分析，书中对每一项提到的新技术都进行了全面的探讨，这可以帮助人们更好地理解新概念和新技术，把握其实际应用的价值和优势，有助于人们更好地评估这些技术的前景和风险。

本书给我感触最深的是作者对当前新兴技术未来发展的思考，结合国内政策和区块链技术发展形势，以前瞻性的眼光描述了互联网生态的未来。Web3 技术为互联网用户提供隐私保护和权益保障，元宇宙可以改变人与虚拟世界的交互体验，DAO 可以改变社会的运作方式，这些技术都与人们的日常生活息息相关，而随着区块链技术的日益成熟，必将催生更多的新兴技术及其应用。

这是一个技术飞速更迭的时代，人们面临着诸多的机遇和挑战。希望这本书可以帮助读者拓宽视野，并能鼓励更多的人积极参与到区块链技术及其应用的探索中，为加快推动数字产业化、建设数字中国添砖加瓦。

斯雪明

中国计算机学会区块链专业委员会主任

推荐序二

2022年，随着元宇宙概念的“爆火”，代表着互联网新一代浪潮的Web3概念呈现出了雨后春笋般的发展之势。不仅Web2的从业者们开始将目光转向这个新领域，各大媒体也争相报道，众多互联网意见领袖们也纷纷在各大社交平台上发表对Web3的见解。那么，Web3到底是资本炒作出的用于“割韭菜”的新概念，还是互联网发展的必然趋势呢？

要回答这个问题，就要从区块链开始说起。

区块链推动了互联网从“传递信息”向“传递价值”的变革，实现了像传递信息一样快捷高效地转移数字资产。区块链是构建开放、可信、价值互通的Web3生态的基石，也是构建元宇宙中经济系统的重要支撑技术。

这是因为区块链凭借其匿名、不可篡改、去中心化等特点，为不可信任的参与方之间构建了一座安全可信的桥梁。区块链的本质是一种分布式账本，不同于传统的中心化方案，其最大的特点是采用分布式技术实现数据的可追溯性，通过密码学技术确保链上数据的安全性。同时，通过共识机制、智能合约等技术手段，区块链为多个分布式参与方提供无须额外信任担保的合作基础。

在Web2时代，传统的中心化机构将数据存储在封闭数据库，并基于用户数据创造平台价值。在Web3时代，用户的资产和数据将在链上记录，由用户掌握数据所有权，通过开放的接口和协议实现协作与价值共享。

Web3 的概念流行之后，很多人认同区块链是元宇宙的信任基石。本书也深入思考了区块链技术应该为元宇宙解决哪些关键问题，以及区块链技术应该如何发展和改进，才能够更好地适用于元宇宙的用户场景。

为了更好地理解 Web3 的应用价值，本书从区块链技术开始，深入探讨了去中心化自治组织、分布式存储、非同质化通证、去中心化金融等相关的概念，同时帮助读者清晰地梳理了这些概念之间的关联。本书还以理性视角对 Web3、区块链与元宇宙行业演化过程中存在的问题进行审视，对隐藏的风险进行剖析，并对潜在的机会进行发掘。本书旨在帮助读者了解必要的概念，警示行业潜在风险，并帮助读者更好地理解从区块链到 Web3 的发展脉络。

希望本书对学术界和工业界都有所帮助。

欧洲科学院院士

挪威皇家科学院院士

挪威工程院院士

挪威奥斯陆大学教授，IEEE 会士

推荐序三

黄华威是我指导和培养过的一位博士生。如今距离他博士生入学已经过去了几乎整整十年。这次收到华威的邀请，为他的专业科普书《从区块链到 Web3》作序，我感到十分欣慰和喜悦。他从十年前初出茅庐的一位硕士研究生，一步步成长为今天独立带领一个科研团队的著名高校教师。作为一位科研工作者，将自己的科研见解写作并发表为科技论文，这是基本的要求。但是，将自己的所学所得转化为面向大众的科普读物，为社会大众做志愿者，这就很难得了。

华威 2022 年秋季就在中山大学珠海校区开设了"Web3 与元宇宙"本科生通识课程。在国内高校范围内，中山大学应位于最早开设此类课程的高校之列。可见本书的创作团队在区块链与 Web3 领域有较多的前沿理解与丰硕的积累。

仔细读了本书之后，我发现它的知识面很全面，既包括对一些基本概念的阐释，又包括对一些 Web3 领域内前沿技术与话题的讨论。而且本书还包括一些在区块链方向从事前沿研究的科技工作者的独到见解，比如，区块链技术为何与"数字货币"及 NFT 关系密切；区块链技术是如何为元宇宙中的通证经济起到支撑作用的，应用中可能会遇到哪些技术挑战；Web3 与分布式存储有什么关联等。

总览全书，我发现本书最大的特点是，作者带着科研工作者特有的批判性思维，探讨从区块链到 Web3 的发展过程中，不同的社会角色可能会遇到的困惑与思索。读者无论是高校在校生，还是科研工作者，抑或是 Web3 领域的投资客，甚至是相关政策的制定者，都会在本书中找到感兴趣的话题。

愿本书对读者朋友们有所帮助。

郭嵩

加拿大工程院院士

香港理工大学教授，IEEE 会士

2023 年 3 月 8 日

序言

笔者在构思这本书时预设了一个定位：在内容方面力求跟市面上大部分关于 Web3、区块链与元宇宙的技术书都不一样。笔者并不寻求将区块链与 Web3 相关的内容“一网打尽”，而是着重于对 Web3、区块链与元宇宙的生态方面做出深入思考、总结与展望，以期在这些被誉为“下一代互联网”的技术范式被大众认知的早期阶段，就去启发大众探讨这些技术背后的社会意义。

内容安排方面，本书总共包括 6 个部分。

第一部分标题为“聊聊 Web3”，包括 2 个章节。第 1 章从 Web1 与 Web2 的发展出发，进而引出 Web3 的定义、流派与技术栈，以及 Web3 与 Web1、Web2 的区别等方面。第 2 章主要讨论 Web3 的社会意义。

第二部分主要概述区块链技术与应用，包括 2 个章节。第 3 章从区块链技术的概述出发，与随后的第 4 章介绍区块链最有价值的应用形式，即“数字货币”与非同质化通证，并深入讨论二者之间的关系。

第三部分阐述为什么元宇宙不只是虚拟游戏那么简单，内容包括 2 个章节。第 5 章介绍元宇宙基本概念，并结合 AI 技术及区块链讨论元宇宙的发展阶段、核心技术、经济系统、与 AI 技术的融合。第 6 章探讨对元宇宙行业的思索，话题包括对行业重要事件的观察与观点、对元宇宙的风险进行解析、探讨元宇宙普通用户与投资人的参与方式与布局的机会。

第四部分回答一个问题：去中心化自治组织（DAO）是什么。内容包括3个章节。第7章主要介绍DAO的定义和技术架构。第8章展示对国内外有代表性的DAO项目实践案例的调研发现。第9章探讨DAO的现存问题，并解析DAO未来可能的发展演化趋势。

然后，第五部分探讨Web3与区块链的生态，内容包括3个章节。第10章从宏观的角度重点探讨Web3生态如何“统领全局”，话题包括Web3范畴、与区块链的关系、NFT与元宇宙的关联、Web3与DAO的关系、分布式存储、数字身份、如何发展NFT产业以及元宇宙在教育行业的尝试等内容。第11章用来回顾区块链生态。特别地，本章对区块链“通证经济”框架之下最新的技术趋势进行梳理，如Layer1、Layer2与Layer3技术与跨链技术等，也顺带聊了区块链企业50强榜单的话题。第12章对Web3与区块链的生态进行综合的总结与展望，比如对比国内外区块链生态发展的路线，展望区块链的下一个5年趋势，并结合国内的政策解读国内如何发展Web3。

最后，在第六部分，本书还提供了附录，选取一部分具有代表性的区块链、Web3与元宇宙的项目、平台、工具以及重要的参考文献，等等。

本书最大的特点，不是包罗万象，不是把所有的基本知识点都收罗进来，而是带着警惕与批判的眼光对Web3、区块链与元宇宙行业演化过程中存在的问题进行审视，对蕴含的风险进行剖析，对潜在的机会进行发掘。在帮助读者了解必要概念的同时，厘清这些概念之间的关系，警示行业风险，帮助读者掌握从区块链到Web3的发展脉络，避免他们陷入对科技新潮流的盲目跟风。

本书的目标读者为对区块链、Web3 以及元宇宙感兴趣的朋友。假如读者朋友对区块链技术原理有一定的了解，那么将会对本书讨论的一些话题更容易产生共鸣。所以，为了更好地理解本书所探讨的话题，笔者建议读者预先学习一些区块链的基础知识，比如区块链的底层架构、共识协议、智能合约等相关的概念。

在写作本书的过程中，我们得到了很多专家学者的关心与指导。在此，笔者衷心感谢各位专家学者的热心指导与提出的宝贵修改建议。特别感谢全体编辑委员会成员为本书所做出的贡献。

笔者希望本书能激发读者朋友积极探索适合于国内 Web3 生态发展的路径，并带着开放的心态去思考 Web3 可能带来的社会价值。

编委会

目录

推荐序一（斯雪明）

推荐序二（张彦）

推荐序三（郭嵩）

序言

第一部分　聊聊 Web3　001

第 1 章　从 Web1 到 Web3　003

1.1　Web1 与 Web2　003

1.2　Web3 的定义　004

1.3　Web3 的流派　007

1.4　Web3 的技术栈　008

第 2 章　Web3 的意义　011

2.1　满足 Web3 需求的区块链特性　011

2.2　国内外 Web3 的发展状况对比　012

第二部分　区块链技术与应用　015

第 3 章　区块链技术概述　017

3.1　从货币起源到区块链技术的出现　017

3.2　对区块链账本的解读　021

3.3　区块链与中心化的数据库有何不同　023

3.4　区块链技术为人类社会提供了信任　024

3.5　“数字货币”是什么　028

3.6　从比特币的转账脚本到以太坊的智能合约　032

3.7　区块链从传统共识向“链下计算”的演进　036

第 4 章　非同质化通证　039

4.1　NFT 的定义与属性　039

4.2　NFT 发展的三个阶段　041

4.3　NFT 的发行、铸造与价值分配　044

4.4　NFT 如何流通　050

4.5　通证经济　054

第三部分　元宇宙不只是虚拟游戏那么简单　061

第 5 章　元宇宙　063

5.1　元宇宙是什么　063

5.2 元宇宙的 3 个早期发展阶段 069
5.3 实现元宇宙的 6 项核心技术 072
5.4 元宇宙与区块链的融合 076
5.5 元宇宙与 AI 技术的融合 079
5.6 元宇宙中的经济系统形态 088

第 6 章 对元宇宙的思索 091

6.1 由 Libra 破产想到元宇宙 091
6.2 元宇宙的去中心化经济系统是必需的吗 094
6.3 元宇宙背后的风险解析 099
6.4 元宇宙现有布局与未来参与机会 104

第四部分 去中心化自治组织（DAO） 109

第 7 章 什么是 DAO 111

7.1 DAO 的定义与概述 111
7.2 DAO 的技术架构 113

第 8 章 DAO 的实践案例调研 116

8.1 DAO 的案例：SeeDAO 117
8.2 DAO 的案例：Gitcoin DAO 119

8.3 DAO 的案例：CultDAO 122
8.4 3 个国外的 DAO 项目孵化平台 124

第 9 章 DAO 的现状与未来 129

9.1 DAO 亟须解决的问题有哪些 129
9.2 对 DAO 的更多思考 134

第五部分 Web3 与区块链的生态 141

第 10 章 Web3 如何统领全局 143

10.1 Web3、区块链与元宇宙哪个范畴最大 143
10.2 Web3 与区块链、DAO 的关系 147
10.3 NFT 与区块链、元宇宙的关系 148
10.4 Web3 与区块链的应用意义冲突吗 152
10.5 Web3 与分布式存储 156
10.6 Web3 世界中的数字身份 165
10.7 国内如何发展 NFT 产业 173
10.8 元宇宙在教育行业中的探索——元宇宙大学 177

第 11 章 对区块链生态的探讨 182

11.1 PoW 挖矿与算力 182
11.2 区块链一定要发行数字通证吗 186

11.3 简述区块链的 Layer1、Layer2 与 Layer3 187
11.4 不同的区块链需要跨链交互吗 192
11.5 聊聊 2022 年区块链 50 强榜单 195

第 12 章 未来的展望 198

12.1 国内外区块链发展路线对比 198
12.2 区块链的下一个 5 年是什么 199
12.3 Web3 发展趋势与展望 200

结束语 207

第六部分 附 录 209

附录 A 区块链项目列表 211

附录 B Web3 项目列表 227

附录 C 元宇宙项目列表 237

作者简介 245

编写委员会其他成员 247

参考文献 249

第一部分

聊聊 Web3

第 1 章　从 Web1 到 Web3

第 2 章　Web3 的意义

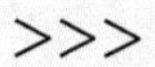

第1章 从Web1到Web3

导读：本章首先介绍 Web3 的起源与演化历程，然后介绍其定义、流派，并对其未来发展趋势进行讨论。

1.1 Web1与Web2

互联网经过 30 年的发展，经历了从 Web1 到 Web2 的重大变革。Web1 诞生于 20 世纪 90 年代，其主要特点在于用户通过浏览器获取消息；而 Web2 诞生于 2004 年前后，更注重用户的交互。简单来说，Web1 到 Web2 的转变，是从“只读”模式向“读写”并存模式的转变[1]。Web3 注重的则是“读－写－拥有”，“用户对自己数据的所有权”是 Web3 最大的特征之一。Web2 时代，用户参与内容建设，但是用户的数据和隐私却被互联网巨头占有，用户几乎没有得到自己的数据带来的收益。Web3 更强调帮助用户 / 参与者将数据掌握在自己手中，帮内容贡献者更公平地兑现他们的劳动价值。

在 Web2 时代，互联网巨头带来垄断的问题。Web1 和 Web2 本质都属于中心化网络，各大互联网厂商的服务器占据着网络中心位置。随着网络规模的扩大，中心化网络模式带来了一系列问题，举例如下。

- 2017 年亚马逊 AWS 的网络故障导致了美国数百家网站服务瘫痪。
- 中心化中介平台的存在带来了不合理的利益分配，平台获得了比用户更多的收益。
- 互联网巨头通过用户数据创造天量价值，但用户几乎没有获得任何收益。
- 不透明的互联网在用户隐私保护方面的问题也日趋严重。

因此，Web3 逐渐被人们所关注与了解。Web3 最早在 2006 年被杰弗里·泽尔德曼（Jeffrey Zeldman）提出，而与区块链相关的 Web3 概念是由以太坊联合创始人加文·伍德（Gavin Wood）于 2014 年提出。区块链由于具备去中心化、分布式存储、链上数据可信等属性，逐渐成为构建 Web3 的天然基础设施[2]。

1.2 Web3 的定义

Web3 在字面上被翻译为“第三代互联网”，目前它并没有一个明确的定义。人们可以将它描述为基于区块链技术的去中心化的互联网技术的合集。在这个合集中，有新的技术与范式，还有新的组织形式及对应的价值观与世界观。

Web3 这个名词最早是由 HTTP 的发明者蒂姆·伯纳斯－李在互联网泡沫时期提出的，它指的是一个集成的通信框架，互联网数据可以跨越各个应用和系统，实现机器的可读[3]。

蒂姆·伯纳斯－李是英国计算机科学家，被誉为“万维网之父”，2016 年获得了图灵奖。我们从他所定义的 Web3 概念可以看出，这个概念是相当有历史感的。因为在他当年的定义中仅仅出现了“通信框架”，以及跨越各个应用与系统实现机器的可读。

其实，我们今天所讨论的 Web3 概念已经跟他当初提出的概念完全不一样了。现在我们所说的 Web3 是指什么呢？它其实是指 2014 年以太坊的联合创始人、波卡的创建者加文·伍德在一篇名为“Dapp：Web3 是什么？”[4]的博文中重新定义了蒂姆·伯纳斯－李提出的这个词。加文·伍德所定义的 Web3 是指一种区块链技术，它可以基于无须信任的交互系统，在各方之间实现创新的交互模式。这里所说的“无需信任的交互系统”，其实就是指区块链技术支撑之上的一种系统。

我们再来看一下关于 Web3 的其他观点。一名投资人认为，Web3 是指基于区块链技术的去中心化在线生态系统。许多人认为它代表了互联网的下一个阶段，目前的 Web3 行业很像 2000 年左右的互联网。这是因为目前 Web3 行业逐渐出现了一些初步产品，比如被视为去中心化的“支付宝”MetaMask，就是以小狐狸为 Logo 的一个去中心化的钱包工具；被视为去中心化 QQ 音乐的 Audius；全球最大的 NFT 交易平台 OpenSea；等等。这些去中心化的应用已经在全球范围内吸引了千百万的用户，这些应用背后的公司也逐渐成为全球最具影响力的公司。

接下来，我们再梳理一下从 Web1 到 Web3 的演化路径。最早 Web1 起源于 1990 年前后。当时比较有代表性的应用是用桌面浏览器才能访问的门户网站，比如说维基百科。而当时国内比较流行的门户网站主要有雅虎、新浪等。这些 Web1 时代的网站，最大的特点就是“可读”或者叫“只读”。因为用户只能被动地从这些网站上获取信息，网站并没有提供给用户与之交互的入口。

在 Web2 时代，网站与应用出现了一些新的变化。最大的变化就是从“可读”模式变为了“可读加可写”模式。比如以博客、推特、微信、抖音这些为代表的新一代应用，它们的内容可以由用户自己生产，然后这些平台还提供多种多样的用户与平台之间、用户与用户之间进行交互的方式与手段。所以，Web2 的最大的特点是“可读加可写”。

到了 Web3，在“可读加可写”模式的基础上又出现了一个新的特性，就是“拥有”。这个“拥有”是指用户产生的内容可以由用户自己所主宰，就是说用户对自己的数据拥有主权，而不像 Web2.0，用户生产的数据的所有权被平台控制。由此可见，从 Web1 到 Web3，底层逻辑发生了变化。因此，前后端生态方面蕴含着产生翻天覆地变化的可能性。究其原因，主要有以下几点：Web1 与 Web2 被视为信息互联网，而 Web3 则可以被看作一个价值互联网。Web1 与 Web2 本质是在传递信息，侧重数据或者信息的消费，而 Web3 则是在传递价值以及创造财富。这里的“创造财富”是指用户自己的数据可以创造收益。但是，问题是这些财富是否能回到用户自己手中。这个问题也给 Web3 的开发者与创业者提出了一个新的要求：他们需要通过技术手段来保证用户自己创造的价值能够被保护，能够被最终传递到用户手中。因此，一些热切拥抱 Web3 的开发者认为，当前所有的 Web2 的应用都值得在 Web3 的背景下重新做一遍，从而升级为对应的去中心化应用（Decentralized Application，Dapp）。

1.3 Web3 的流派

Web3 的流派是指把对 Web3 感兴趣的爱好者或者从业者分为一些类别。这里我们把他们大概分为 5 组，或者叫 5 个圈子，分别是“数据所有权派”“币圈 & 链圈派”“极客技术派”，还有“概念炒作派”，最后是“政商界的 Web3 人士”。接下来我们逐个展开解释一下。

第一个流派是数据所有权派。这一派秉承打破数据垄断与数据独裁的理念，保护 Web3 应用生态中用户的权益。

第二个流派是币圈 & 链圈派。他们更多的时候所关注的是价值网络，即依靠各种“数字货币”进行投资与投机的金融市场。

第三个流派是极客技术派，一部分 Web3 的技术爱好者（即极客）想要建立一些去中心化的社区，比如去中心化的知乎。用户在这些去中心化的社区可以发布一些创作者权益能被保护的文章。其他形式的社区还包括去中心化的信息网络，可支持发布一些影视作品或新闻，其作者或编剧的权益会受到保护。

第四个流派是概念炒作派。他们主要的诉求就是炒作各种与Web3 相关的新概念，然后从中获取一些利益。比如炒作跟元宇宙相关的一些概念。但是，他们炒作的题材大多时候跟 Web3 没有太大的联系。

第五个流派是政商界的 Web3 人士。这一部分人可能是出于工作需要，积极地了解与学习 Web3 业界的相关需求以及发展前景，然后积极地与前面提到的几个流派进行密切的交流与合作。这种现象当然是好事，至少政商界人士看到了 Web3 时代的巨轮正在滚滚向前。政商界人士所期待的 Web3 业态如果发展到极客技术派所期望的程度，国内 Web3 的生态便会迸发出勃勃生机。

正如一句话说的那样，“不管你是否喜欢，该向前的不会后退”。Web3 各派人士正在悄然展开密切交流与合作。国内的 Web3 生态迟早有一天也会枝繁叶茂、大树参天。

1.4 Web3 的技术栈

本小节介绍 Web3 的开发技术栈，以及对比一下其与传统“客户端－服务器”模式的技术栈的区别。

我们回顾一下传统的“客户端－服务器”这种形式的技术栈，前端是客户端的浏览器或者 App，它们使用 HTML 或者 CCS 或者 JavaScript 来实现前端的呈现形式。后端就是服务器。那么，Web3 形式的 App 或者 Dapp 的开发技术栈长什么样呢？

其实，如图 1-1 所示，Web3 的开发技术栈的前端跟传统的 Web2 的“客户端 – 服务器”形式的开发技术栈的前端是一样的，只是后端从传统的数据库变成了区块链。中间还会有一个 Web3 的供应商，提供与 Web3 相关的一些功能，比如说 Web3 的钱包与身份管理工具。这个钱包的一个例子就是以小狐狸为 logo 的 MetaMask [5]。

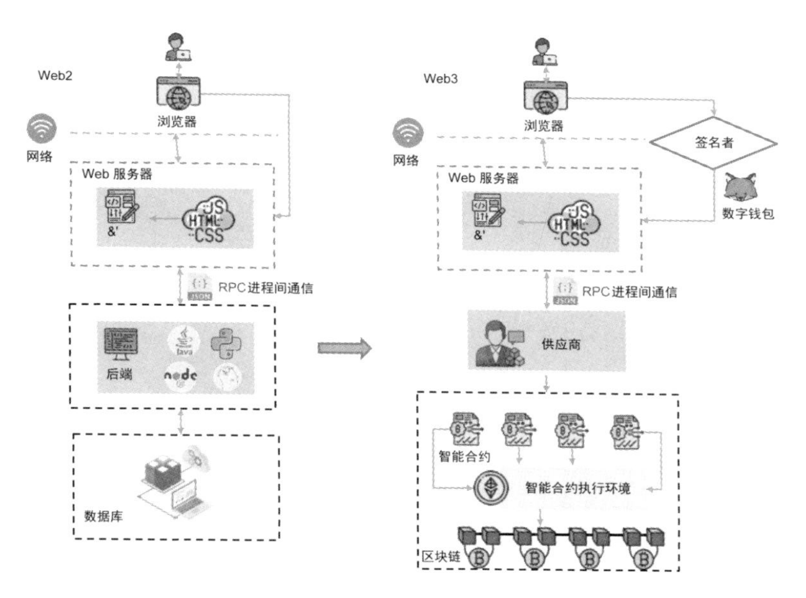

图 1-1　Web2 与 Web3 开发技术栈对比

我们进一步分析 Web3 形式的开发技术栈。首先是前端，开发者可以开发手机端使用的 Dapp，或者开发可以与钱包进行交互的前端呈现的页面。后端如果需要与大量链下数据进行交互，这些数据就可以存储在 IPFS（一种安全的分布式存储产品）[6]。

如果某些 Web3 的 Dapp 业务比较复杂，可能就要借助智能合约来实现。此时需要把相关的智能合约部署在某个支持智能合约的区块链上，比如部署在国内常见的联盟区块链上。这些合约同时又要与中间的 Web3 的身份管理工具进行业务交互。

总之，如图 1-1 所示，上端是用户使用的前端，下端是后端区块链，中间是 Web3 形式的钱包管理工具或者身份管理工具。有些复杂的场景或应用可能会与多个智能合约产生交互。

第2章 Web3的意义

导读：Web3依托于区块链技术，保护了用户的数据主权，其去中心化的特性也带来了更丰富的、深度个性化定制的下一代互联网服务。本章主要阐述区块链特性，以及国内外Web3的发展状况对比。

2.1 满足Web3需求的区块链特性

区块链被视为Web3的底层基础设施，它的一些特性恰好可以满足Web3的需求。

- 首先，区块链支持数据的去中心化分布式存储。用户在互联网上的数据不再被互联网巨头占有。
- 其次，区块链赋予链上数据的不可篡改性。链式仅增的数据结构可防止对链上数据的删除与篡改。
- 再次，区块链保障用户个人隐私。用户在密码学技术的支撑下，根据自己的意愿，可以将部分可公开信息在链上共享。

- 最后，区块链支持对数据资产的确权。借助区块链技术，用户可以将自己生产的有价值资源转化为收益。

正是这些特性，使得区块链成为构建 Web3 的天然基础设施。

2.2 国内外 Web3 的发展状况对比

现在国内正处于 Web3 的初步发展阶段。在各种利好政策的推动下，中国目前正在构建 Web3 的应用生态，力争实现分布式存储、分布式计算、分布式云等技术，促进相关应用与生态的落地。近期各部门陆续出台了支持数字经济发展的相关政策。例如，国家正大力支持建设高质量的分布式基础设施。2021 年 3 月，“十四五”规划正式发布，确定了数字经济为重点产业。2021 年 5 月，四部委联合发布《全国一体化大数据中心协同创新体系算力枢纽实施方案》，标志着“东数西算”工程正式启动。目前，国内正在布局分布式存储设施、存算一体化、算力芯片等战略方向，力争跻身国际一流水平。2021 年 12 月 12 日，国务院《“十四五”数字经济发展规划》将区块链作为加快推动数字产业化和增强关键技术创新能力的重点方向之一，明确了区块链技术在数字经济中推动数字产业化的战略作用。

另一方面，近期从中央到地方政府都推出了若干发展元宇宙相关的政策。以区块链为核心的 Web3 技术体系正在推动形成元宇宙的数字生态。该生态将对数字产业化和产业数字化提供有力支撑，为数字经济的高质量发展打造新引擎。

互联网经过 30 多年的发展，如今正处在从 Web2 向 Web3 演进的关键时间节点。相关研究者与从业者只有抓住时代的机遇，推动 Web3 的前瞻研究与实践，才能在下一代互联网的建设过程中享受 Web3 带来的红利。

接下来，我们再从国际到国内，探讨并比较一下 Web3 的发展现状。

- 国际方面，市场上已出现很多 Web3 相关的应用。这些应用主要是运行在区块链上的去中心化应用（Dapp）和非同质化通证（NFT）。用户在一些交易平台（如 OpenSea）上可以自由交易虚拟资产。目前以太坊平台上运行的各种 Dapp，应用场景主要集中于金融、游戏与社交领域。大多数 NFT 则与数字艺术品相关。但是 NFT 繁荣发展的背后，也隐藏着一些危机，比如目前很多所谓 Web3 应用并不能做到完全去中心化。即便如此，Web3 的重要性已无可辩驳，例如 2021 年年底美国国会甚至举行听证会来讨论 Web3 的社会价值。
- 国内方面，政府对区块链和 Web3 日益重视。中国目前正构建 Web3 应用生态，力争推进分布式存储、分布式计算、分布式云等技术的应用与生态的落地。相关部门陆续出台了各种利好政策，例如，2021 年 12 月 12 日，国务院《“十四五”数字经济发展规划》中将区块链作为加快推动数字产业化和增强关键技术创新能力重点方向之一，明确区块链技术在数字经济中推动数字产业化的战略作用。

将国内外发展状况进行对比，可以发现：国外虽然已有大量 Web3 相关应用，但很多应用的背后并不能做到真正的去中心化。而且，国外加密资产市场没有健全的监管机制，这使得数字资产领域的投资容易遭受欺诈和市场操纵。反观国内，政府出台了相关的政策、规划和指导方案，旨在推动 Web3 领域的早期布局，这有利于中国 Web3 生态的繁荣发展。

第二部分

区块链技术与应用

第 3 章　区块链技术概述

第 4 章　非同质化通证

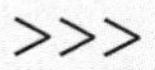

第3章 区块链技术概述

导读：本章将介绍区块链技术与生态相关的一些话题，包括区块链的起源、对区块链账本原理的解读、区块链技术与数据库的区别、区块链技术对人类社会的意义以及区块链技术宏观层面的演进趋势。

3.1 从货币起源到区块链技术的出现

在现代社会，货币一般是以纸币的形式出现的。但实际上，货币最早的形式并不是纸币。中国最早的货币诞生于 4000 年前的夏朝，那时的货币形式主要是海贝、布帛和农具。世界上其他地区曾使用过牲畜、象牙、可可豆等作为货币。

一般认为，货币是商品生产和商品交换长期发展的产物。那么，货币究竟是怎样产生的？根据史书资料记载和考古发现，在世界各地，货物交换都经历了两个发展阶段：物物交换与通过媒介进行交换。

比如，我国古书《易. 系辞下》中就有相关的记载。在距今已有 2600 多年的神农氏时期，“日中为市，致天下之民，聚天下之货，交易而退，各得其所。”这里的“交易”就是指“物物交换”。在古埃及的壁画中，人们也可以发现物物交换的情景，有用瓦罐换鱼的，有用蔬菜换扇子的。

在交换不断发展的进程中，逐渐出现了通过媒介的交换，即先将自己的物品换成充当媒介的物品，然后再用媒介物品去交换自己所需要的其他物品。这里，媒介物品就是货币。货币出现以后，不仅削弱或消除了物物交换的缺点与交易成本，而且拓宽了人们生产、消费、贸易等活动的范围，极大地提高了社会运行的效率。马克思主义经济学理论认为，商品是指为市场交换而生产的劳动产品；货币是存在于商品经济的经济现象，它伴随着商品经济的产生而产生，随着商品经济的发展而发展；没有商品经济的地方，就没有货币现象。因此，货币与商品相辅相成、不可分离。

货币为物物交换提供了便利。但货币不是普通的商品，而是充当了一般等价物的特殊商品，并体现了一定的社会生产关系。纵观货币的发展史，货币形式的发展演变大体上经历了实物货币（如金属货币）、代用货币和信用货币三个阶段。这个过程也是货币价值不断符号化的过程。

如图 3-1 所示，随着时代发展和技术的更新迭代，支付手段由实物货币过渡到数字货币，即移动支付。本书所介绍的移动支付手段包含三个部分：电子货币、虚拟货币和数字货币。电子货币属于中心化的记账方式，常见于使用银行账号进行支付。中心化的虚拟货币通常由某个企业发布，例如腾讯游戏中玩家使用的 QQ 币。这种中心化游戏发起的支付属于中心化的记账方式，使用的虚拟货币的价值则由背后的企业来背书。以以太币等为代表的“加密数字货币”则属于“去中心化”的虚拟货币，它们的发行基于区块链技术，但是没有发行主体。中国央行发行的数字货币具备法定地位，由国家主权背书。因此，央行数字货币的责任主体是明确的。相比之下，“去中心化”密码学通证没有国别，没有国家主权背书。因此，它们没有合法的发行主体，不是法定数字货币，而是属于基于区块链技术的虚拟货币。

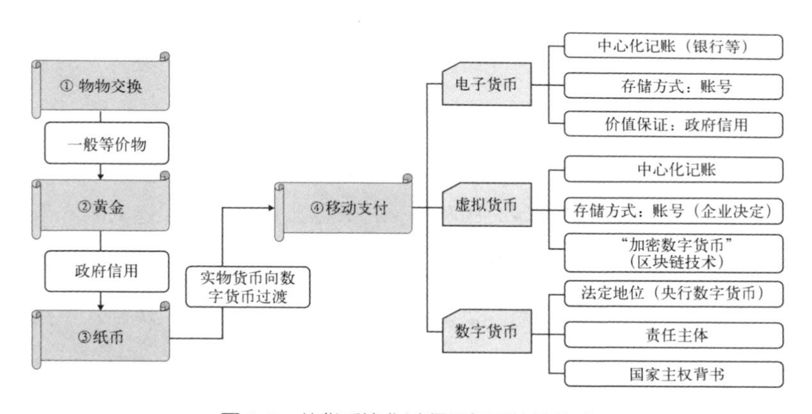

图3-1　从货币演化过程理解区块链技术

追本溯源，区块链技术起源于20世纪70年代末，当时一位名为拉尔夫·C. 梅克尔（Ralph Charles Merkle）的计算机科学家提出了“梅克尔树”（Merkle Tree）的数据结构和相应的算法。梅克尔树通过使用加密算法将数据以树形结构链接起来。20世纪90年代末，斯图尔特·哈伯（Stuart Haber）和斯科特·斯托内塔（W. Scott Stornetta）使用梅克尔树实现了一个无法篡改文档时间戳的系统。

2008年9月，以雷曼兄弟的倒闭为开端，金融危机在美国爆发并向全世界蔓延。人们开始对法定货币产生担忧，原有的对中心化金融体系的信任度也开始下降。纽约时间2008年10月31日下午2点10分，一个名为中本聪（Satoshi Nakamoto）的匿名个人或团体，发表了比特币白皮书《比特币：一种点对点的电子现金系统》（*Bitcoin: A Peer-to-Peer Electronic Cash System*），概述了比特币区块链的技术与理论。中本聪的比特币区块链技术将1 MB大小的信息区块用于比特币交易的记录。2009年1月比特币上线，随之开源比特币客户端软件出现。比特币的问世标示了区块链技术开始被应用于现实世界中的去中心化支付场景。

在工信部指导发布的《区块链技术和应用发展白皮书2016》中，区块链被定义为一种按照时间顺序，将数据区块以顺序相连的方式组合成的一种链式数据结构，并以密码学方式保证数据不可被篡改的分布式账本。从更一般化的视角来看，区块链技术是运用“块链式”数据结构来验证和存储数据，通过分布式节点共识算法来生成和更新数据，通过密码学的算法来保证数据传输和访问的安全，使用自动化脚本来操作数据的一种全新的分布式系统[8]。因此，用户可以使用区块链技术创建不易被改变的分类账，以便跟踪订单、付款、账户和其他多种类型的交易。区块链系统内置的各种机制可以阻止未经授权的交易条目，从而在这些交易组成的共享视图中构建账本一致性。

在第一代加密虚拟货币出现后，开发人员开始考虑将区块链技术应用到加密虚拟货币以外的场景中。例如，以太坊的开发者引入了智能合约。智能合约可以帮助人们实现丰富的业务。随着众多新型的区块链应用落地，区块链技术也在不断发展和成长。例如，研发人员正在解决区块链网络规模难以扩展和计算能力受限的等问题。虽然区块链技术已经在众多行业得到应用，但是各行业的区块链应用还是彼此独立，价值只能在相互隔离的区块链生态内流转，形成了一座座“数据孤岛”与“价值孤岛”。对于正在进行的区块链革命来说，潜在的创新机会是无限的。未来，区块链技术的目标仍然是打破数据孤岛，并构建一个赋能各个行业协同互联、支持人物可信互联、实现价值高效流通的智能网络。

3.2 对区块链账本的解读

区块链是一种分布式账本，它的主要作用与银行账户数据库一样，用于记录用户的余额及交易记录。在现实中的银行里，一定存在一个中心服务器，拥有最高权限，对各个节点的交易记录进行汇总管理，这其实就是一种“中心式账本”。而与之相对的“分布式账本”就不存在这样一个中心服务器。

没有了中心化的角色，如何在区块链这个“账本”上 生成唯一、真实、可靠的账本记录呢？图 3-2 展示了区块链交易从客户端创建到上链的整个流程。

假设区块链中的两个客户端之间产生了一次交易，该交易提交到区块链网络后，第一个接收到这条交易的节点会将此次交易的广播到全网，即传送给网络中的所有节点。其他节点收到这条交易之后，就对此次交易进行一次记账，这就是“全民记账”。值得注意的是，区块链的全民记账是以某种预定的周期“一轮一轮”地进行的。

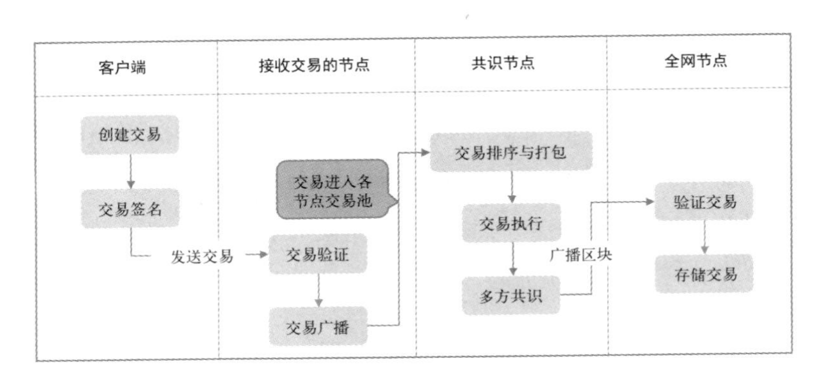

图 3-2 区块链交易从提交到上链的流程

在某一轮记账持续了一段时间之后的某个时刻，几乎每个区块链节点都积攒了一些系统新生成的账目，那么该以谁的账目为准呢？这时就需要全网达成一个共识。全部区块链节点随后会基于某一种共识机制进行“协商”，最终全网会选择一个记账记得最好的节点，该节点就获取了此次记账的记账权。

获得了记账权的该节点就会把自己本次产生的“增量账本”（即新区块）广播给全网其他所有的节点，最终使全网其他节点都获得了此次“增量账本”的一个副本。

当一个新区块中的所有交易被全网节点记账后，就相当于全网都对这些新交易进行了“见证”，这就使得上链存储的这些账目几乎无法被篡改。可见，区块链的账本具有极强的可靠性与不可抵赖的特性。一个区块通常可以存储上千条交易记录，每一轮共识产生的新区块按照时序顺序连接起来，就组成了“区块链”。

3.3 区块链与中心化的数据库有何不同

从二者的运行方式看，一方面，客户可以将数据上传到数据库进行存储，反过来也可以从数据库去读取数据。当数据上传之后，数据库里面就已经存在这项数据了，而且这份数据在数据库里面是唯一的一份，除非去复制多份副本，存储在不同的磁盘位置。另一方面，客户端也可以从数据库里去读取某项已经存储的数据。但这种中心化的数据库一个很大的缺陷，就是已经存储的数据很容易被攻击与篡改。

与此相比，区块链这种被看作去中心化的数据库，就可以防止数据被轻易篡改。原因就是，一份数据在区块链上不是存储在一台机器上，而是把这份数据复制成若干份，在每一个区块链节点上存储。所以，若对一项存储在区块链上的历史数据进行修改，需要对全部区块链节点上的此项数据的副本进行修改。区块链依靠密码学与共识机制，保证了这种对全网所有节点上的某一项历史数据进行修改的行为是难以实现的。

虽然说区块链具有防篡改的功能，但是它的缺点也很明显，就是数据从提交系统到上链达到共识是一个漫长的过程。这是因为区块链没有一个中心化的角色可以在后台对一份数据进行中心化地存储与同步。因此，区块链不得不依靠共识机制，对需要进行上链存储的数据达到全网一致共识。

从刚才的讨论中我们可以看出，中心化的数据库与区块链技术各有利弊。紧接着就有人会问比特币的发行机制是什么？它是用来干什么的？其实比特币的发行机制有一个专有术语叫作“工作量证明”（Proof-of-Work, PoW）机制，即PoW共识机制。这种工作量证明机制就是比特币底层的区块链对某个新产生的区块在全网达到共识的共识协议。

3.4 区块链技术为人类社会提供了信任

为什么区块链可以为人类社会提供信任？本节将从三个方面来解析一下背后的原因。首先是账本的演化，其次是区块链建立的价值网络，最后是从信任机器的角度来看待区块链技术。

账本的演化过程

我们先从第一个方面“分布式账本的演化过程”来分析一下区块链，如图3-3所示。说到账本，它其实是一种通过记录物品的所有权、参与人的身份以及账户的状态等信息，起到可以对某些物品确认所有权的作用，所以账本反映了某种社会关系。来看一下账本的演变历程。中国最早有文字记载的单式记账法是商代甲骨卜辞，通俗而言就是流水账，对经济收支事项的记录采用文字叙述方式。据司马迁《史记·夏本纪》：“自虞夏时，贡赋备矣。或言禹会诸侯江南，计功而崩，因葬焉，命曰会稽。会稽者，会计也。”描述的就是一种钱财贡赋的统计方式。

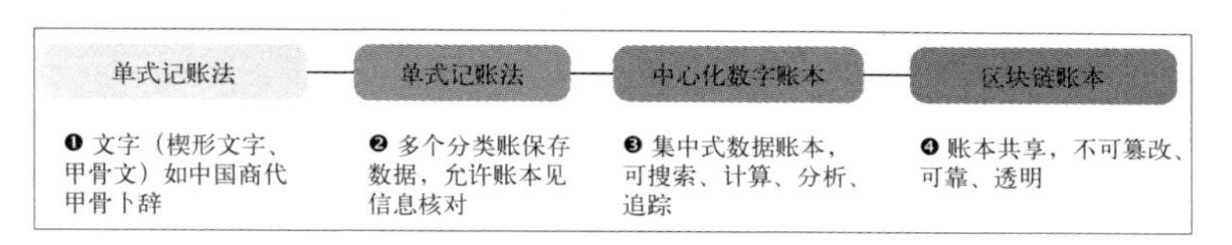

图 3-3 账本的演化启发了区块链的起源

后来演化出了复式记账法，它是指使用多个分类的账户来保存账本的数据，而且允许多个账本之间相互核对。可见，在使用复式记账法时，如果有人想去篡改账本上的某个数据，它就需要对多个账本上的这项数据同时做出篡改。因此，复式记账法增加了作恶者的作恶成本。其实，区块链借鉴了复式记账法。具体做法是，区块链将账本的信息复制到所有的区块链节点上进行存储，也就是说所有区块的节点都在按照复式记账法来对全网的交易进行复式记账。

我们继续看账本演化的第三步——后来发展出的中心化的数字账本。我们可以理解为数字账本是存储在中心服务器上的账本。只要保证中心服务器的可靠性，就可以很方便地支持对账本中的某项交易进行方便的搜索、计算与分析，以及对某些异常的交易进行追踪。

但是，中心化的数字账本有很明显的缺陷，即很容易遭到恶意攻击者的篡改。后来，区块链技术就出现了，比如中本聪提出了比特币背后的去中心化账本。它让人们意识到了区块链这项技术的魅力，因为去中心化账本被共享在了所有区块链节点上。再加上密码学与共识机制提供的技术支撑，就可以保障作恶者很难去篡改任何一条历史交易，这样就保证了区块链记账的可靠性、可追踪性以及透明性。

价值传递网络

分析完分布式账本的演化过程，我们再来看第二个方面——区块链为人类建立的一个价值传递网络。

我们之前类比过信息网络与价值网络（见图 3-4）：首先信息网络是建立在传统的 TCP/IP 协议上的一个传统的信息网络。该信息网络上传输的是信息，而信息可以零成本被复制。相比之下，基于区块链技术建立的价值网络，可以用来传递价值。注意，这里用的是“传递”，因为价值只能被转移而不能被复制。这是区块链建立的价值网络与传统的信息网络之间最大的不同点。

图 3-4　信息网络与价值网络的对比

信任机器

接下来我们再从信任机器的角度来分析一下区块链带给人类社会的影响。

首先，信任是人类协作以及经济社会的核心。在一个匿名的环境里，相信陌生人是一件很困难的事。1993 年的《纽约客》杂志上面有一句很著名的话，叫作“On the internet，nobody knows you are a dog”，意为“在（一个匿名的）互联网上，没有人知道你是一条狗”。这句话暗示了在互联网上陌生人是很难被信任的。就像我们看到网络上的匿名发帖，我们并不知道帖子背后到底是一个什么样的人。在这样一个匿名的环境中，另外一个比较著名的例子就是一个匿名的人可以向其他人发送大量的垃圾邮件，而邮件的接收者并不知道发送者的身份。

以上两个例子告诉我们，在互联网上提供信任是一件非常必要而且非常难的事情。其实不光在互联网上，现实中也存在信任缺失的情况。

本节讲了这么多信任，那么信任到底有什么样的价值？大家都知道支付宝，但是我们并不知道支付宝的第一个用户。他其实是在日本读书的一个中国留学生。当年他在淘宝上卖掉了一台从日本购买的数码相机。他的这笔交易就是使用支付宝来完成的。对于第一个吃螃蟹的人，支付宝公司也是诚意十足，把这笔交易的交易号制作成艺术品，挂在了支付宝的大楼里，并且给了支付宝第一个用户 1000 万元花呗额度。这就是信任。

接下来我们从信任机器的角度再来分析一下区块链的本质。通常来讲，两个陌生人之间想要达成协作，必须要依靠可靠的第三方。举一个例子，如果一个大学生想要去租房，那么他大概率需要借助一个靠谱的中介，才能租到一个便宜又实惠的房子。另外，传统的转账也需要借助银行这种第三方机构。无论是房产中介还是银行，都是信息中介或者叫信用中介。这些中介存在的意义就是抹平信息不对称所带来的影响，帮助交易双方之间建立信任。

除了银行，证券交易所也是一个常见的金融中介机构，这些机构提供的都是信息的中介服务。但问题是，这些所谓信息中介、信用中介，本质上都属于第三方机构，那么他们就会具有传统的中心化的机构所具有的缺点。

相比之下，区块链就是一种能取代中介机构的技术协议，而且它是一个能够解决信任问题的安全可靠的网络。通过取代中介，区块链可以推动很多新型的社会组织形式的出现。可以说，区块链为我们的社会提供了一台信任机器。

2021 年 4 月 19 日，特斯拉用户维权的事件出现之后，一些行业专家纷纷发表自己的看法。其中一名行业专家告诉记者，车主维权事件的根本原因是中国缺乏第三方争议处理机构，消费者如果遇到问题，就只能在汽车厂家、经销商和政府部门之间辗转维权。问题处理的流程漫长，而且不透明，容易让消费者产生愤怒的情绪，进而采取极端的方式进行维权。这名专家建议借鉴国外的经验成立第三方机构。其实，如果使用区块链技术来实现这个所谓的第三方机构，岂不是更加高效与透明？

3.5 “数字货币”是什么

随着区块链技术的发展和 Web3 时代的开启，“数字货币”这类虚拟资产必然发挥愈加重要的作用。它摒弃了传统纸币的诸多缺点和中心化电子支付的风险，采用分布式记账而且支持匿名交易。目前，虽然各类山寨币的出现招致了广泛的批评，“数字货币”领域的炒作也甚嚣尘上，但“数字货币”是 Web3 世界未来发展的基石。在本节中让我们了解一下“数字货币”的真面目。“数字货币”是一种以电子货币的形式发行的替代货币，是被赋予一定经济价值的数字资产。它属于虚拟货币的一种，但不同于游戏或应用程序中的虚拟代币，是一种面向真实世界交易用途的虚拟货币。早期出现的中心化的数字黄金货币，以及后来兴起的密码学通证都属于“数字货币”。

3.5.1 “数字货币”有哪些优点

在介绍“数字货币”之前，我们首先介绍原始货币的由来。在货币出现之前，交易一般通过以物易物的方式进行，然而这种以等价商品间的交换实现交易的方式存在缺陷——物品通常不便携带和不可分割。于是出现了以货币作为等价交换物的交易方式。货币经历了从贵重金属到纸币、信用支付再到移动支付及“数字货币”的发展历程。在这个过程中，贵重金属的铸币成本较高，发行纸币虽然避免了高昂的铸币成本，但需要复杂繁琐的防伪工序，而发行“数字货币”几乎没有成本。

现代在线交易系统的记账方式大多是中心化记账，是由第三方可信任的服务提供商提供交易信息的记账。各大银行的在线电子转账记账，淘宝、京东等在线购物平台的交易记账，都是由相应的供应商提供存储服务用来存储用户的交易记录。但这对于部分有隐私交易需求的用户并不友好，用户的交易信息被存储在所谓“可信任”的第三方，一些敏感的交易信息仍存在泄露风险，比如一些商业合作的机密信息与个人用户的隐私交易等。依托于区块链技术的分布式记账方式，不仅能够实现交易的匿名性，还可以避免集中存储可能带来的种种风险；但是另一方面，密码学通证的不可追溯性不仅带来洗钱的风险，同时给政府监管带来了极大的挑战。

3.5.2 为什么需要“数字货币”

首先我们需要了解货币体系。世界上大多数国家发行了自己的法定货币，即政府承认的具有购买力的货币，其本身并没有价值，只是承载了国家背书之后的价值。在货币兑换出现之前，以商品货币金银为首的贵金属是全球贸易的硬通货，但经由商品货币进行币种之间的兑换略显烦琐，因此出现了外汇。部分国家或银行将本国的法定货币与外币挂钩来增加和维持外汇储备。在电子支付如此发达的今天，纸币的使用已经越来越少，“数字货币”与移动设备绑定，方便携带的同时也为人们的移动支付提供了便捷。此外，现有的货币体系在应对金融危机时有短板，人们在面对银行存款被冻结及货币贬值的风险时，更愿意选择黄金当作避险资产。以纸币为代表的流通货币，由于无法准确确定当前流动资金的体量，造成通货膨胀率难以估计，从而使得政府很难实现有效的调控来应对通胀。而“数字货币”可由发行方精确追踪，因此降低了应对危机、实施调控的难度。另外，“数字货币”在反洗钱和反逃税方面也存在诸多优势，因为发行方可追踪交易流水和货币去向，通过技术分析手段可确定被追踪对象是否具有洗钱和逃税的嫌疑。

3.5.3 “数字货币”的发展

1996 年，第一个基于实物黄金的数字黄金货币 e-gold 诞生，也是早期的数码货币，其购买力随黄金价格的浮动而变化。

2005 年，瑞波（Ripple）币作为一款典型的非加密“数字货币”出现，它流通于一个开放支付网络 ripple 网络，并常被用于不同货币间的兑换和汇款。2008 年，中本聪提出了比特币的概念。比特币是一种去中心化的密码学通证，以区块链作为底层技术进行发币和对交易进行记账。2011 年之后，又相继出现了莱特币、以太坊的以太币，夸克币、狗狗币等其他几千种密码学通证。

随着区块链技术的大热，数字货币开始出现井喷式的增长，各大互联网巨头也相继推出自己的数字货币，或支持与已存在的数字货币绑定进行交易结算。狗狗币于 2013 年推出，2019 年因受到马斯克的支持而火爆，其主要流行于 Twitter、TikTok、Reddit 等社区。2019 年，Facebook 推出自己的密码学通证项目 Libra，同时亚马逊和苹果公司也紧锣密鼓地开展着“数字货币”的研究。随着元宇宙等技术的兴起，可以预见，“数字货币”也将成为元宇宙中主要流通的货币。

3.6 从比特币的转账脚本到以太坊的智能合约

比特币的区块链是如何执行转账的？其实它是依靠执行比特币的脚本。这个脚本我们可以将其理解为一段很简单的代码，逻辑很简单，只有一句话：交易的发送者从一个地址向另外一个地址（交易接收者的地址）转了多少数量的通证。这就是比特币的脚本所要实现的功能。但是，实现这个脚本也是不容易的，它背后的原理是基于一个叫作未花费交易输出的交易模型（Unspent Transaction Outputs，UTXO），如图 3-5 所示。基于 UTXO 模型，比特币的系统里面没有“账户”这个概念，那么如何计算每个比特币的持有人拥有多少比特币呢？比特币的 UTXO 交易的数据结构中包含了每个交易的转出地址与接收者的公钥签名。这就意味着，只有接收者的私钥才能解锁一份转给自己的“未被花费”的通证。所以，比特币的用户只需要管理好自己的私钥就行了，而且每个用户可能拥有多个私钥。每个私钥可以解锁相对应地址上的一定数额的比特币。市面上也出现过很多帮助用户管理私钥的工具，即“电子钱包”。这些电子钱包里存储的是就是比特币用户的若干个私钥。

以太坊上执行的代码跟比特币的脚本不一样。首先，以太坊底层交易的数据结构是一种基于“账户”的交易模型（见图 3-6）。以太坊系统的每个用户也有一个电子钱包，但是，这个钱包里面装的是类似于我们现实世界中使用的银行账户。可以理解为该电子钱包里面塞的就是一张张电子银行卡，每一张电子银行卡就代表一个以太坊的账户。

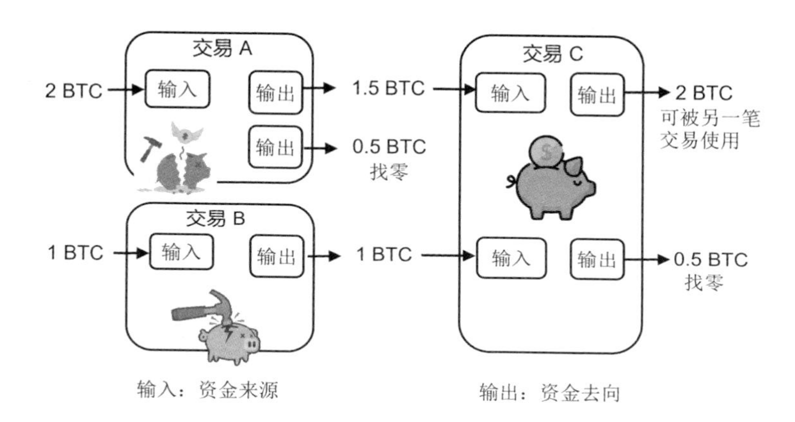

图 3-5 比特币交易中的 UTXO 模型（在图中，即将被花费的“交易的输出”就像被打破的存钱罐，从中“取出”未花费的“交易 的输出”用来构建另一笔新交易）

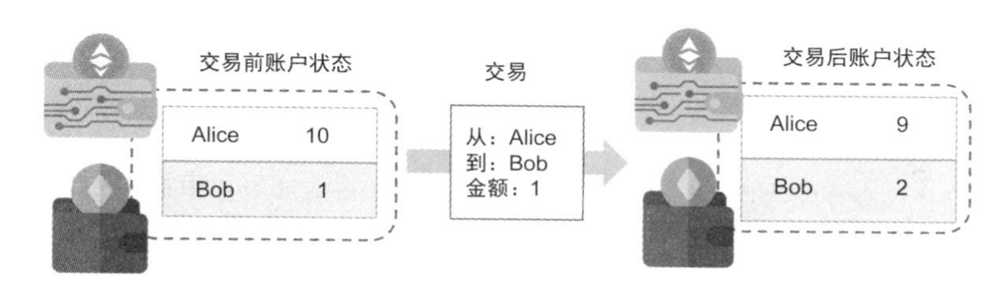

图 3-6 以太坊基于账户的交易模型

另外，以太坊还有另外一个重要的特点，就是支持智能合约。在智能合约的支持之下，以太坊底层的区块链功能就不只是转账了，还可以支持多种场景内的实体经济相关的业务流程。因此，有人把比特币叫作区块链 1.0，而以太坊是区块链 2.0 的代表。从区块链 1.0 迈向区块链 2.0 最主要的变化就是支持智能合约。

智能合约是 1994 年由计算机科学家尼克·萨博（Nick Szabo）提出。智能合约一般被认为是能够自由自动执行合约条款的计算机程序。举个例子，一台饮料售卖机就可以理解为是一个智能合约的实体，或者说是一个智能合约的执行机器。靠智能合约执行的饮料售卖机是事件驱动的。什么叫事件驱动？比如顾客要买一瓶价格为三块钱的饮料，当顾客投一块钱进去时没用，因为没触发“三块钱”的条件。直到顾客投了三块钱进去之后，这个条件才被触发：if“用户支付了至少三块钱”，then“交付饮料给顾客，并找零”。以上这个 if-then 的简单代码就阐释了“事件驱动”。通过这段简单的代码驱动，就可以实现价值的转移：顾客支付三块钱的价值给智能合约，然后这台机器返回给顾客一瓶饮料。

智能合约其他方面的特性还有什么？我们首先回顾一下传统的合约。传统的合约有什么样的特点？举个例子，陈同学大学毕业后加入一家互联网企业时要跟对方签署合同，这个合同就是传统的合约。传统的合约需要按照预定的法律保护的流程去执行。比如每个月企业给陈同学发放工资就是在执行合约里的薪资规定。当然还有另外一种极端情况，即当陈同学与公司之间发生违约纠纷的时候，就需要按照合约的内容执行法律程序。可见，传统合约的执行过程需要借助中心化的公证人或者仲裁机构的见证。

与传统的合约比起来，智能合约的执行就高效多了。这是因为，智能合约是依靠代码来实现的，部署在区块链上，而且是触发式地执行。比如，陈同学某个月超额完成了公司规定的任务，触发了劳资奖励，智能合约就可以对陈同学的账户进行自动转账操作。

由于智能合约是事先编写好并部署的区块链上的代码，那么当条件被触发时，它就会被无情地执行。智能合约自动执行的这个特点，保证了智能合约是事件驱动的。通过执行智能合约，可以实现价值的转移。可见，智能合约可以为人们提供方便、高效执行的功能，但是前提是需要一个可靠的执行环境。举个反例，假如自动售卖机坏掉了，那么智能合约的执行环境都没有了，何谈执行环境的可靠性？

讲到这里，跟大家分享一个小故事。笔者有一年去欧洲参加学术会议，回来的时候路过乌克兰的基辅机场转机。在航站楼候机时，有一个年轻人想去旁边一台自动售卖机购买饮品。这台机器其实已经坏掉了，但是那个年轻人事先不知情。其实，在那个人之前，我先去尝试买过一瓶可口可乐，等我发现机器坏掉的时候也没有办法，只能自认倒霉，无功而返。可是，这个人就不一样了，当他投了硬币进去后，机器没有反应，他就很生气，开始用脚狂踢那台自动售卖机。“咣咣咣”踢了几脚之后，机器一下子漏下来很多硬币。虽然那个人拿回了自己的硬币，但是他的行为破坏了自动售卖机的执行环境。

从以上这个反面例子可以看出，智能合约必须有一个可靠的执行环境。中心化的执行环境的弊端就是容易受到攻击与篡改，且被破坏之后难以追溯和恢复。如果把智能合约部署到区块链上，执行环境就会变得稳定与可靠。因为区块链天然具有抗攻击的特性，尤其是比特币的区块链。即便比特币网络的一个共识节点坏掉了或者下线了，没关系，还有分布在全球各地的其他上百万台机器继续在运行着。因此，有人把可支持智能合约的以太坊叫作“世界的计算机”，这是因为以太坊在世界范围内建立了一个完备的智能合约代码执行的计算机系统。从某种程度上来说，智能合约实现了很多现实世界中的App实现不了的功能。比如，本书提到的“去中心化的自治组织”就是基于智能合约来实现的新型组织。

从只有转账功能的比特币到可以运行智能合约的以太坊，人们看到了区块链技术还可以有其他更重要的作用，即与实体经济相结合，通过智能合约开发各种Dapp。这也是以太坊发展成为目前世界上最大的Dapp的生态的原因。

3.7 区块链从传统共识向“链下计算”的演进

区块链通过共识机制保证了其去中心化特性，同时实现了数据的一致性和不可篡改性。在分布式场景中，可能出现网络丢包、时钟漂移、节点故障、节点作恶等故障情况，共识算法需要能够容忍这些错误，保证多个节点取得相同的数据状态。共识算法实现了去中心化环境中的可信状态验证，使得点对点之间发生的交易能在链上被记录且不可被篡改，这是实现Web3可信价值转移的基础。

当前区块链典型的共识算法包括工作量证明（Proof of Work, PoW）、权益证明（Proof of Stake, PoS）、代理权益证明（Delegated Proof of Stake, DPoS）和实用拜占庭容错（Practical Byzantine Fault Tolerance, PBFT）协议等[9]。近两年来，不断有学者提出新的共识算

法，对现有方法中存在的问题进行改进，以适用于不同的应用场景。例如，2021 年，阿尔约曼迪·内扎德（Arjomandi Nezhad）提出的 PoH（Proof of History）共识算法[10]将 PoW 算法中基于计算能力的记账权竞争机制改为基于节点的贡献决定记账权的机制，即用户对整个链的历史贡献越大，就越容易获得记账权。还有，莫斯特法·卡拉（Mostefa Kara）提出的 CW-PoW 算法[11]将 PoW 算法的单轮工作量证明变为多轮工作量证明的问题进行求解，逐轮淘汰未解出的节点，增强了共识算法的鲁棒性，而且可以抵御攻击并显著降低网络资源消耗。

由于 Web3 承载了大量的数据以及复杂的运算，仅仅通过对共识算法的创新和改进，并不能解决区块链性能低下的问题。因此，研究者提出了区块链模块化和“链下计算”的方法，将区块链的共识和运算分离。在这样的方式中，数据的运算并不牵涉到区块链的主链，而是通过 Layer2 区块链模块执行复杂的计算，再通过可信执行环境（Trust Execution Environment，TEE）[12]、零知识证明等技术手段对计算结果进行验证，最后通过共识机制达成全网一致共识。

接下来让我们看两个案例。

案例一：Oasis 区块链网络[13]采用模块化架构，实现了共识层和智能合约执行层两部分的解耦。Oasis 的共识算法采用与以太坊相同的 PoS 共识机制，解耦思路与以太坊的 Layer2 项目类似，实现了将节点的运算任务分离到链下的目的，加快了主链的共识过程。具体来说，Oasis 在其执行层构建了执行环境、验证机制和加密机制，智能合约完成运行后将结果提交至共识层，实现状态更新。总之，

Oasis 通过将共识层与计算层分离的方式，实现了节点功能的解耦，从而大大降低了网络各个节点的运行压力，提高了区块链网络的共识效率和运行速度。同时 TEE 为数据计算提供了隐私与安全解决方案。

案例二：Arweave 提供了去中心化的数据存储服务，基于独创的 Blockweaves 设计，并采用了 Proof of Access (PoA) 共识机制，实现了“一次付费，永久存储”的模式。运用高效、低成本的存储方案，将数据计算放在链下进行，而数据源来自链上，计算结果也会上链存证。Arweave 的效率取决于链下应用程序和计算机的性能，比基于共识机制的链上计算效率要高。Arweave 的方案实际上属于基于存储的共识范式（Storage-based Consensus Paradigm, SCP）。这种范式建立起了链下应用的原型，通过链上存储，链下运行，充分发挥链上存储可溯源、不可篡改的特性。在基于数据可信的基础上，解放链上运行所带来的负载压力。从而在合理地使用 Web3 资源的同时，也能提高 Dapp 的运行效率。

可以预见的是，未来 Web3 项目将不再局限于区块链传统的共识模式。在寻求改进共识算法的同时，还会结合链下运算等高效的方法，打破传统区块链中共识节点的瓶颈，实现共识、计算与存储的解耦。

第4章 非同质化通证

导读：非同质化通证是区块链技术另一个比较有代表性的应用场景。其中，“通证”表示可流通的加密数字权益证明，每个通证可以代表一个独特的数字作品。非同质化通证可以基于数字文件生成，数字文件可以是画作、声音、影片、游戏中的道具等元素。虽然数字文件本身可以被无限复制，但通过对代表它们的通证在区块链上确认，就可以为买家提供所有权证明。

4.1 NFT的定义与属性

非同质化通证（non-fungible token，NFT）指的是不可替代且可流通的加密数字权益证明[14]。它具有外在和内在两种价值属性。外在价值属性体现在大众对它的价值的认同程度，而内在价值属性主要体现在以下几点：

- **稀有性（rareness）**。这是NFT几乎最重要的价值。所有创作者都可以自行决定以某一种艺术形式作为稀缺资源，并且可以决定其发行数量来确保这个NFT作品的稀缺性。

- **不可分割性（indivisibility）**。与其他“数字货币”不同[15]，NFT 作品只能以整体的形式来进行交易与流通。每一个 NFT 都以整体的方式存在，无法像比特币等其他“数字货币”一样以“1”以下的计量单位流通[16]。
- **唯一性（uniqueness）**。传统艺术作品的数字文件可以被随意复制，NFT 则以区块链确权的方式让这些艺术品获得具有独特标识的“数字身份证”。其创作者可以自行决定某一作品的发行数量并进行编号，流通与交易的每一个环节都通过区块链被完整记录，因而每份 NFT 自身都是独特的。图 4-1 展示的是在 OpenSea 平台交易的稀缺小熊 NFT。

图 4-1 稀缺小熊 NFT[17]

NFT 具有很强的文化属性和互动属性，参与者购买后就获得了其不可更改的所有权与使用权，而这种购买行为背后具有较强的社交意义，购买者可以借以彰显他们在数字领域独一无二的购买能力、意趣品味甚至社交地位。反过来讲，NFT 的价值也需要丰富的社交活动与一定数量参与者的共识来支持。

NFT 与数字藏品有着千丝万缕的关系。数字藏品实现了虚拟物品的资产化，从而使数字资产拥有可交易的实体。在 Web3 时代，数字藏品除了能建立独特标识外，其用户还可以享受到数据所有权，因而数字藏品的价值将更多体现在身份象征和资产媒介方面。数字艺术品作为数字藏品的一种，具有以下特征：

- **形式上**：早期的数字艺术指的是将物理艺术品映射到数字世界。
- **创作方式**：伴随着 AI 等技术的成熟，创作者可以直接对数字文件进行操作，比如把生成对抗网络 GAN 等技术作为创作手法。
- **表现形态**：在形式上，一方面利用新的媒介和手法，保留或复现已有的艺术元素，另一方面由媒介或技术创造全新的艺术展现形式；在效果上，通过数字媒介和数字化手段表现的艺术作品，可带给人们全新的审美体验。

4.2 NFT 发展的三个阶段

NFT 的发展具有明显的阶段性特征。

4.2.1 概念的酝酿阶段

1993 年至 2017 年，业界对 NFT 的认识停留在概念的酝酿阶段。NFT 的概念设计可追溯至 1993 年“数字货币”的先驱哈尔·芬尼（Hal Finney）提出的加密交易卡（Crypto Trading Card）。哈尔·芬尼在介绍加密交易卡时称“想到了一个展示购买和销售的数字现金的方法——加密交易卡。密码学爱好者会喜欢这些迷人的密码艺术的例子。请注意，它的完美组合呈现形式是——单向函数和数字签名的混合以及随机法。这是一件多么值得珍藏和展示给你的朋友和家人的完美作品”。哈尔·芬尼的这段话提出，依托加密学和数学随机排列组成一个系列的加密纪念卡，这种卡可以兼具艺术品与“数字货币”的双重属性。2012 年出现的彩色币（Colored Coin）实现了现实资产的上链。2014 年创建的合约币（Counterparty）实现了点对点开放式交易平台的搭建。可以说，构建 NFT 的基本概念与底层技术在这一阶段逐渐成型。

4.2.2 NFT 的诞生阶段

2017 年至 2020 年，NFT 正式诞生，而且借助于密码学通证与电子游戏的“东风”茁壮成长。2017 年，同质化通证交易额与参与人数屡创新高，世界上第一个 NFT 项目——加密朋克（CryptoPunk）——作为一款像素角色生成器问世。该项目生产的像素头像被开发者通过区块链传播。由于当时还不具备足够通用的 ERC-20 通证标准作为基础协议，这些头像类的 NFT 只能以以太币进行结算，但是却凭借它的独特性获得了加密圈的大量关注。ERC-20 通证标准是通过以太坊创建的一种通证发行的规范。调用者可以通过编写一个智能合约来创建“可互换”的通证，并支持与众多交易所、钱包进行交互，现在已被密码学通证行业普遍接受。此后，达珀实验室（Dapper Labs）团队受加密朋克的启发推出了专门面向铸造 NFT 的 ERC-721 标准（提供发行 NFT 的标准接口），并基于这个标准推出了一款名为“谜恋猫）（CryptoKitties）的 NFT 产品。达珀实验室团队推出的每一只数字谜恋猫都是独一无二且不可复制的。这种“以稀缺谋求价值最大化”的思路让谜恋猫迅速成为加密市场的现象级作品。自此，NFT 开始以文娱特别是游戏产业为主赛道蓬勃发展。在此期间，OpenSea、SuperRare 等交易平台获得了飞速发展，“蒸汽”（Steam）等游戏平台也依靠 NFT 进行不断创新。与此同时，NFT 行业的演进也变得更加规范，比如进一步规范了交易市场、斩获了大量用户群体、丰富了产品、繁荣了世界范围内的市场。

4.2.3 NFT 的爆发阶段

2020 年以来，NFT 借助此前积累下的用户群体与资本实现了爆发，市场热度与社会影响力双线走高。2019 年 12 月以来，英美等国政府借助滥发货币的方式刺激经济。传统的投资方式失去了吸引力，很多风险投资家的投资变得更加激进，他们将目光投向了

NFT 的蓝海领域。据 NFT 数据网站 CryptoSlam 统计，“幻想生物”（AxieInfinity）等现象级产品的累计交易量破 10 亿美元，游戏金融（GameFi）性质产品层出不穷且获利颇丰。除了资本市场繁荣之外，NFT 的关注度也不断提升。据谷歌官方搜索趋势数据显示，NFT 相关的关键词搜索量自 2021 年年初起呈爆炸式增长。爱德华·斯诺登、特斯拉 CEO 埃隆·马斯克、NBA 球星史蒂芬·库里等人的积极参与，也为 NFT 市场带来了名人效应。2021 年 11 月 24 日，《柯林斯词典》将 NFT 评为 2021 年度词汇。一个月后的 12 月 20 日，《柯林斯词典》又评出了 2021 年 12 大科技热词，NFT 以第一名入围[18]。

综上，我们详细回顾了 NFT 历史上具有代表性的项目、团队和他们的高光时刻。这些高光时刻清晰地描画了 NFT 历史发展的轨迹。所有这些故事，都为 NFT 世界的后浪们总结了经验，指出了未来的方向[19]。

4.3 NFT 的发行、铸造与价值分配

4.3.1 NFT 的发行

NFT 的分类和电影、游戏的分类非常像。我们可以依照电影和游戏的分类来探索 NFT 的发展。NFT 能够以多种形式发行[20]，举例如下。

- **艺术作品**：受非同质化通证影响最大的应该是艺术行业。如今，人们已经开始在非同质化通证平台上交易艺术作品。有些创作者与艺术家已通过拍卖他们创作的非同质化通证艺术作品而获利。不同的是，大部分数字艺术作品储存在 NFT 交易平台上，而实体艺术品则保存在画廊、博物馆、艺术俱乐部等场所。
- **现实世界物品**：土地和房地产等现实世界的物品也在 NFT 领域逐渐掀起了浪潮。例如，就所有权而言，房屋所有者可以通过发行通证，将物业的一部分出售给投资者。这样，投资者就可以通过分享收益、优先入住、以低廉价格使用物业等方式，获取收益。
- **影像**：NFT 可以将照片通证化（如图 4-2 展示的 NBA Top Shot NFT）。如果读者是摄影师，则可以通过发行证书，出售自己的影像作品的所有权。

图 4-2　NBA 官网售卖的 NFT：NBA TopShot[21]

- **视频**：视频类 NFT 与平面作品一样，同样具有艺术属性与收藏价值。一个例子是，视频创作者可以将只有 10 秒的节选片段卖到 660 万美元。2021 年 10 月，TikTok 发布了灵感来源于热门视频的数字资产系列，宣布正式进军 NFT 世界。
- **GIF 动图**：GIF 动图问世已有一段时日，现已进入 NFT 领域。2022 年 3 月，某 GIF 动图存储在区块链上不到 24 个小时，就被一次拍卖活动卖出了 25 000 美元的价格。
- **音乐**：现在，艺术家可以利用 NFT 交易平台，将自己的音乐作品面向“粉丝”出售。部分 NFT 平台还提供了内嵌特许权的选项，允许“粉丝”通过在社交媒体上推广喜欢的音乐 NFT 赚钱。这种创新的方式将有助于打造一个更好的音乐产业。

在非同质化通证的帮助之下，创作者与艺术家无须与艺廊或唱片公司等中间人机构打交道，即可以将自己作品变现。如图 4-3 所示，创作者可以通过不同的平台进行创作与交易，并获得收益。这样的方式有助于消除会将艺术作品变得极其昂贵的因素。同时，它也为买家提供了另一种方式来支持自己最喜欢的创作者，因为在数字空间里面，每个人都可以接触到非同质化通证的发售平台。“粉丝”可以直接购买喜欢的艺术家的 NFT 作品。

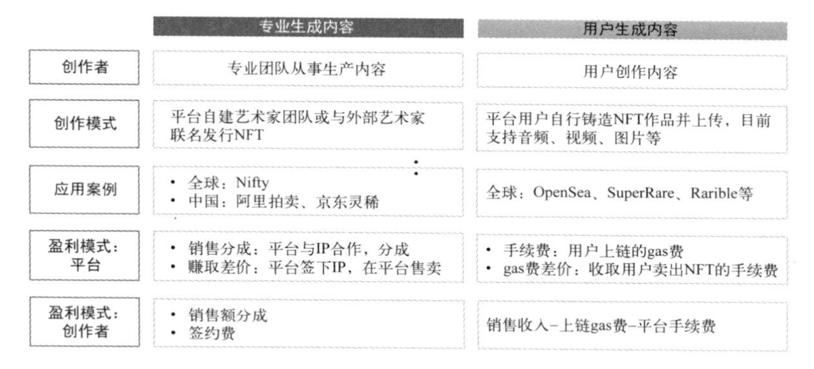

图 4-3　NFT 流通环节的上游创作模式

这里需要提醒读者朋友注意，由于这个行业刚刚起步，许多非同质化通证可能试图向用户销售那些自身并无权转让的资产，或者采用其他方式向用户销售不附任何合法权利的空头通证。这是一种欺骗行为，请读者认真研究市场和非同质化通证发行方，确保购买的 NFT 确实具有可执行的合法权利。

4.3.2　NFT 的费用与铸造

铸造 NFT 的费用包含 gas 费、账户费用及服务费，如图 4-4 所示。gas 费是指 NFT 交易的费用。账户费用指的是 NFT 发行平台向商家收取的将 NFT 放在他们网站上的账户相关的手续费用。服务费也称佣金，是指在基本金融领域，拍卖师、销售人员和其他服务人员因向卖家提供服务而收取的固定佣金。

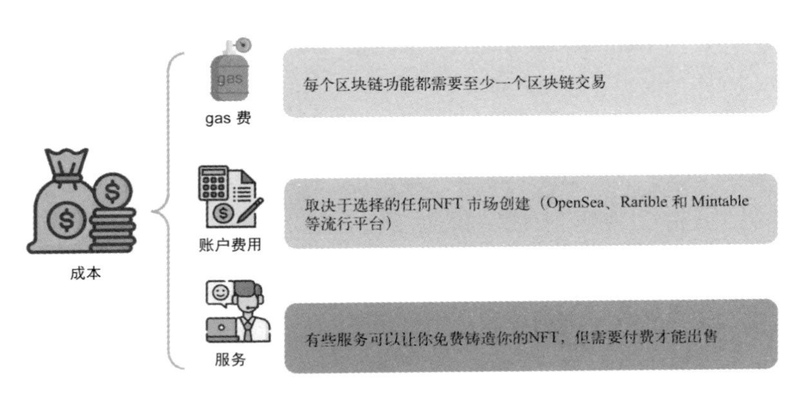

图 4-4 NFT 铸造费用分析

例如，目前在 OpenSea 上购买 NFT 不需要额外手续费。出售 NFT，OpenSea 会收取 2.5% 的服务费。我们用以下简单的数学运算描述一下 NFT 的费用情况：如果用户以 400 美元的价格出售数字艺术品，那么 OpenSea 将收取 10 美元（不包括上链铸造的 gas 费）。这种收费方案是 Foundation 这样的 NFT 市场独有的。这里提到的 Foundation 是建立在以太坊之上、主要通过将艺术收藏家与创作者联系起来鼓励艺术推广的市场，Foundation 收取 NFT 最终售价的 15%（也不包括 gas 费）。

让我们看几个 NFT 的发行售卖平台。Binance NFT 是一个由币安链和以太坊构建的多链平台，是一个庞大且安全的市场，允许用户提取法定现金。币安 NFT 平台的收费为 NFT 交易费的 1%。Mintable 是另一个著名的 NFT 综合市场，它易于使用并且拥有广泛的 NFT 解决方案。它还为想要了解更多信息的人提供免费的 Mintable University 课程。Mintable 和 OpenSea 一样，收取 2.5% 的交易费。Magic Eden 是一个能够快速创建、销售和购买 NFT 的综合平台。它是 Solana 区块链上最著名的 NFT 市场之一。他们不收取 NFT 挂牌的费用，但收取 2% 的交易费。以太坊区块链上的 NFT 铸造成本高昂，并且会因不同时刻以太币的价格而动态浮动。 使用 OpenSea、Rarible 和 Mintable 在以太坊区块链上铸造 NFT，花费的 gas 成本在 0.0468 ~ 0.0616 ETH范围内，而与NFT 的市场价格无关。可见，在以太坊上铸造 NFT 的费用还是非常高的。

尽管大部分 NFT 是基于以太坊的，但其他艺术家更喜欢快速、可扩展性良好但交易手续费低的区块链作为他们铸造 NFT 的底层基础设施，例如 Polygon、Solana、BSC 和 Avalanche。

对于普通用户来说，选择哪一个 NFT 平台是一个艰难的决定。因此，在本书附录中，笔者汇总了一些主流的平台供读者体验。

4.3.3 NFT 的市场价值分配

我们再来解析一下 NFT 市场的价值分配。如图 4-5 所示，NFT 市场价值的分配主要涉及三方：项目创作平台、区块链平台和内容创作者。区块链平台的收入主要来源于 gas 费，用户在区块链上铸造和交易 NFT 需要支付一定的 gas 费。项目创作平台的收入来源于销售 / 转售 NFT 的服务费。一般收藏用户通过 NFT 发售平台进行交易 NFT 需要向平台方支付一定的服务费。最后，内容创作者依靠一级市场销售和二级市场流转的版税获得收入。通过对 NFT 市场价值分配的解读，读者可以更精准地选择参与 NFT 市场的方式。

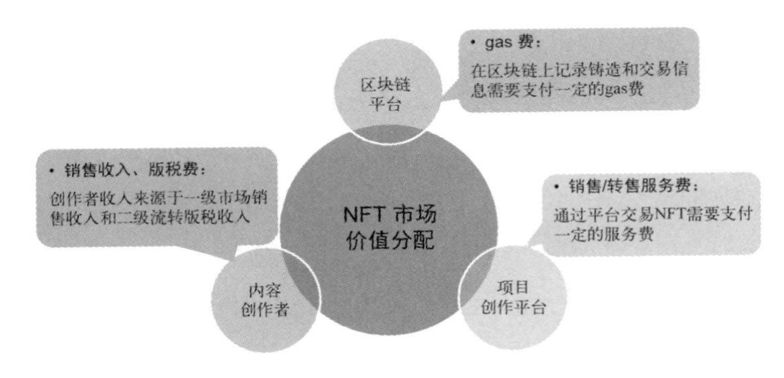

图 4-5 NFT 的市场价值分配

4.4 NFT 如何流通

NFT 最显著的特点是其不可替代性（非同质化），这基本上意味着它们不能被分割，也不能被复制。相比之下，同质化的“数字货币”是可分割的，这意味着投资者不必完整地购买一个比特币，而是可以一次只购买几分之一个。那么，用户所拥有的 NFT 该如何在市场上交换流通呢？答案是借助于 DeFi 平台。这些平台允许 NFT 所有者抵押他们的 NFT，以换取“数字货币”。市场上许多 NFT 的流动性很差。一些 DeFi 项目已经发现，使用借贷协议等解决方案来改善 NFT 流动性的需求越来越大。具体方案如下。

4.4.1 NFT 借贷

NFT 借贷的运作方式是指支持 NFT 借出的平台允许 NFT 持有

人在没有中介的情况下抵押 NFT 并执行借贷条款。借出人可获得一定比例的 NFT 价值的贷款额度，然后，该贷款可以用来购买更多的 NFT 或其他可以部署到 DeFi 协议上的通证，以获得投资收益。这种支持 NFT 的借贷方式正在成为改善 NFT 流动性差的一种方案。

4.4.2 DeFi 机制

DeFi 机制为收藏者提供了新的途径，来让他们持有的 NFT 发挥作用，而不是被动地购买和持有。与 NFT 相关的 DeFi 机制包括使用 NFT 参与 DeFi 贷款、NFT 质押和其他机制。其中，DeFi 贷款是由智能合约执行的，具有透明、开放和自动执行的特点，不需要第三方监督，让用户完全控制他们的数字资产。智能合约可以执行预先设定的借贷条款，让用户能够通过简单的界面访问这些条款，就像运行任何常规应用程序一样，来完成整个借贷流程。

DeFi 协议的魅力在于，与传统借贷机构相比，它们简单、透明和高效。它不需要中心化的机构审查用户的信用评分，验证用户的真实身份，并花费数天或者数周的时间审核用户的申请。

然而，DeFi 平台使用的智能合约并不是毫无瑕疵的。例如，“闪电贷款”攻击是这些平台常见的问题。攻击者可以在借贷时利用市场，使借来的通证价格暴跌，然后低价买回通证来偿还贷款，并将差额收入囊中。

尽管存在一些障碍，NFT 借贷正慢慢在主流密码学通证市场崭露头角。NFT 生态系统目前尚不发达，可能由于所处的发展阶段和市场规模所导致。但越来越多的借贷、质押和部分所有权方面的实践正在推动NFT行业不断增长。

4.4.3 NFT股份碎片化

NFT的核心特征之一是它们是完全独特的、不可分割的和可验证的，保证了绝对的所有权。这意味着只有一个所有者可以完全拥有一个NFT。而NFT的“股份碎片化”是指NFT的所有权以“股份”的形式允许多方共同拥有。一些NFT的单价非常高，而碎片化是一种方便的方式，让多方各自以较少的投资来获得该NFT资产的部分所有权。例如，一个基于ERC-721通证标准铸造的NFT可以被分割成多份并可以通过ERC-20通证标准来计价。

碎片化为NFT市场开辟了新的前景，并带来了以下好处。

- **流动性增强**。NFT的非同质化使其缺乏流动性。例如，卖出高价NFT的投资者可能需要等待很长时间才能吸引有能力购买该资产的下一个买家。将一个ERC-721通证分割成多个ERC-20通证，可以增强原始NFT资产的流动性，更容易找到感兴趣的投资者。
- **价格发现**。随着流动性的增强，NFT的价格发现能力也会增强。分割的最大好处之一是它可以帮助投资者更快地评估一个NFT资产的市场价值。

- **易于货币化**。碎片化的 NFT 更容易找到市场。与其为一个加密朋克（CryptoPunk）或无聊猿（Bored Ape）支付一大笔资金，投资者更有可能为一个碎片化之后的 NFT 支付一个“零头”。

碎片化的 NFT 有可能颠覆数字艺术品、收藏品、游戏资产、域名、音乐和房地产的 NFT 市场。在所有这些领域，NFT 创作者、艺术家和财产所有者可以利用碎片化迅速将其资产出售给包括中小投资者在内的更广泛的市场。

不过，NFT 这些理念并非是完美的，仍有许多问题需要解决。除了 NFT 铸造对自然环境带来的影响外，其他主要的问题之一是高额的 gas 费。在以太坊网络上铸造 NFT 需要高额手续费，即用户需要向矿工支付费用以验证铸造 NFT 的交易，从而将该 NFT 添加到区块链上。这听起来很简单，但 gas 费具有波动性，当网络拥堵时，铸造费用就会上升，这对 NFT 的消费者是不公平的。

好消息是，以太坊正在积极努力解决这个问题，目前以太坊已经将共识机制切换到权益证明模式。这一变化不仅会解决以太坊的能源消耗和碳排放问题，而且还会扩展以太坊的吞吐能力。这应该会缓解以太坊的拥堵，减少 gas 费。虽然没有人知道 NFT 市场的下一个趋势是什么，但可以预见的是，NFT 的流通性在 2022 年及以后必将大大改善。

4.5 通证经济

通过前面的学习，我们已经掌握了“数字货币”与“非同质化通证”相关的知识，接下来在本章的末尾，我们探讨建立在这两项最重要的区块链应用基础之上的“通证经济”。在 Web3 与元宇宙的背景之下，通证经济也发挥着举足轻重的作用。

4.5.1 通证经济的铺垫

首先看一个问题，对于“数字货币圈”的参与者来讲，该怎样判断应该对一个通证持通胀预期还是通缩预期？

供给侧的视角

从供给侧的角度分析，如果通证的供应数量变少，通证的单位价值就会增加——这称为通缩，反之称为通胀。当你从供给侧的角度去评估项目时，不需要思考某种通证是否有实际效用，或者会给持有者创造多少收益。只须聚焦在一点—— 通证的供应量以及它随着时间如何变化。

比特币在生产铸币的过程中，遵循了一条简单明了的供给曲线，比特币总供应量为 2100 万枚，所有的比特币将会在大约 2140 年前被全部开采出来。从 2009 年上线开始，每过四年，比特币的生产速率会减半。现在已经有大约 1900 万枚比特币被开采出来了，所以接下来的 120 年中，只有不到 200 万枚的比特币等待被开采。这意味着，90% 的比特币已经在流通，并且从今往后的 120 年，比特币总量只会增加 10.5%。由此可见，比特币因为通胀机制而贬值的预期并不强烈[21]。那么以太坊呢？以太币的流通供应量大约为 11 亿，并且以太币的流通量是没有上限的。但以太币的供应模式发生了变化。这是因为以太坊社区出现了一种“燃烧机制”，对以太币的供应机制进行了调整，以便维持通证数量的相对稳定，甚至有可能出现通缩。这种机制理想的效果是将以太币的总供应量控制在 1 亿 ~1.2 亿。

相较于以上两种通证，狗狗币没有供应上限，目前每年的通货膨胀率在 5% 左右。因此，在这 3 种通证中，预计通货膨胀机制会带给狗狗币贬值压力。

供应分配的视角

其次要考虑的问题是供应分配。具体要考虑如下几个问题：一些投资者是否持有大量即将解锁的通证？该协议是否向社区提供了大量通证？分配机制是否公平？等等。

那么对于 DeFi 协议发行的通证，应该如何解决供应分配的问题呢？例如一个名为 Yearn 的 DeFi 协议，已经发行了 36 666 个 YFI（Yearn 的通证符号）。由于 YFI 的总供应量是固定的，且数量相对较少，因此 YFI 的价值不会因为通胀压力而贬值。再看另一个 DeFi 协议 Olympus，它有一个疯狂的通缩时间线，每天都有大量 OHM 通证①

---

① OHM 是一种加密通证，它是 OlympusDAO 生态系统的本地代币。OlympusDAO 是一个去中心化的金融平台，旨在为用户提供一种稳定的加密通证。OHM 通证的价值与 OlympusDAO 平台上的其他资产相互关联，它可以通过交易所进行交易或者通过参与 OlympusDAO 的流动性挖矿来获得。OHM 通证还具有一些独特的特性，例如通缩机制，这意味着每次交易都会销毁一定数量的 OHM 通证，从而减少其总供应量。

被生产出来。理论上，持有 OHM 是一个糟糕的决策。但是，我们很快就会发现，单从供给逻辑出发不足以理解一类通证是否值得被投资。

因为还需要考虑投资回报率（return on investment，ROI），也即这个通证在被持有的过程给用户带来的收入。比如，在以太坊 PoS 启动后，如果是以太币的持有者，用户就可以质押以太币用以验证网络安全。作为质押的回报，用户可以获得的利率大约为 5%。而有些通证允许用户通过持有它们来获得它们所代表协议的利润。例如，Sushi 的持有者可以质押他们的通证，来获得 Sushi 协议的回报。

ROI 的研究重点之一是，当一类通证不具备产生投资回报的特质时，要证明持有它们有意义是难上加难的。人们想获得某种通证的原因仅仅是相信其他人也想获得它，并且也会在未来持有它，这种情况被称为 Memes[①] [22]。

这种对未来价值增长产生信念的机制，总是一个重要的考虑因素。那么，读者该如何去评估它呢？与构成通证经济学的其他可以清晰量化的因子不同，Memes 是很难量化的。要了解它，读者需要扎根于社区并用心感受。比如，项目方的讨论社区的精神面貌给人的感觉，他们在 Twitter 上有多活跃，人们是否将他们的通证或者协议作为一种身份确认的符号，人们在社区里活跃的持续期长短等。

① Memes 是指在互联网上广泛传播的一种文化现象，它通常是一种有趣、幽默或者具有讽刺意味的图像、视频或者文本，被广泛用于社交媒体、聊天应用程序等。Memes 通常是通过创造性地修改或者重组已有的图像、视频或者文本，产生出新的意义和表达方式。Memes 的传播速度非常快，它们可以在短时间内迅速传播到全球各地，成为人们交流和娱乐的一种方式。Memes 已经成为互联网文化的一个重要组成部分，对于塑造和影响人们的价值观、态度和行为方式具有一定的影响力。

4.5.2 通证经济的解释

在上述介绍的基础上，我们再来讨论什么是通证经济。首先，通证指的是“可流通加密数字权益证明”。通证经济让通证引导人的行为，通过通证承载激励和惩罚，驱动通证的持有者，让他们成为一个项目的“股东”。个体在通证的激励下相互协作，共同促进业务的发展，进而实现目标经济价值[23]。

简而言之，通证是价值的载体。而通证经济，则是借助此类载体，将重要价值与权益通证化，利用区块链或者可信的中心化系统让生产要素进入流通环节，把数字管理发挥到极致，利用自由市场，让资源配置更加精细也更加合理。

在此基础上，通证的内涵变得丰富，更加具有想象力。通证经济涉及的对象可以是金融衍生品，可以是权益，甚至可以是实物资产。

总体来看，通证需要具备三个要素：权益、加密、可流通。

- “权益”指通证必须是以数字形式存在的权益凭证。它必须代表一种权利，一种固有、内在的价值。
- “加密”是指通证的真实性、防篡改性、隐私保护等能力，由密码学予以保障。每一个通证，就是由密码学保护的一份权利。这种保护，比任何法律、权威和枪炮提供的保护都更坚固、更可靠。
- “可流通”是指通证必须能够在一个网络中流动，并随时随地可以被验证。

一直以来，IT 界人士认为区块链作为下一代互联网的基础设施，其重要程度高于通证，他们一直坚信“皮之不存，毛将焉附”。但随着区块链的发展，人们发现，正是通证以及通证经济的规则促进了比特币、以太坊的繁荣。通证经济的重要性比区块链的基础设施更加重要。对于区块链和通证孰轻孰重的问题，笔者认为区块链是 Web3 的后台技术，而通证是 Web3 的前台经济形态，两件事情相辅相成，相互促进。区块链为通证提供了坚实的信任基础，它所达到的可信度，是任何传统中心化基础设施都提供不了的，这是因为区块链是“信任机器”。

但是，相信读者都明白的一点是，并不是所有的应用数据必须放在区块链上，聊天记录、游戏存档、音乐文件等大型数据文档适合链下存储，只有涉及价值交换、权益管理之类的应用数据才值得放在区块链上。

20 年来的互联网眼球经济、流量经济、“粉丝”经济等，其价值重构、价值创造的速度和规模都远远超过了互联网基础设施。通证立足于实体经济，为实体经济服务。通证思维与现在的币圈思维有根本的不同。通证的流通性要求它必须被用起来，而现在大多数的“数字货币”是没有实际作用的。通证启发和鼓励大家把各种权益证明，比如门票、积分、证书、点卡、证券、权限、资质等拿来通证化，放到区块链上流转，放到市场上交易，让市场自动发现其价值，同时在现实经济生活中将它们变成可以用的东西。可见，通证经济就是把通证充分使用起来并发挥作用的经济。

4.5.3 通证经济启动数字经济革命

我们已经知道了通证经济的两大支柱："数字货币"与"非同质化通证"。现在，笔者从以下两点阐述通证经济为什么能够带来新一轮的数字经济革命。

市场化

通证的供给充分市场化、高度自由。任何人、任何组织机构都可以将自己的资源和服务能力通证化，而且通证是被公开透明地发行在区块链上，随时可被验证、可追溯、可交换。这种新形式的安全性、可信性、可靠性是以前任何方式都达不到的。这也是人类社会从未掌握过的能力。

流通速度

区块链上通证的流转速度比传统的卡、券、积分票快几百几千倍。而且由于密码学的应用，这种流转和交易极其可靠，纠纷和摩擦将降低到传统方式的百分之一甚至千分之一。有一点需要补充的是，区块链上的通证流通速度与区块链交易验证的速度不是同一个概念。

如果说在传统经济时代，衡量整个社会经济发展的一个重要指标是货币流转速度，那么在互联网经济时代，衡量一个国家、一个城市发达程度的一个重要指标则是网络流量。那么，在"互联网 +"经济的时代，通证的流通速度将成为最重要经济衡量指标之一。当我们每个人、每个组织的各种通证都在飞速流转、交易的时候，我们的生产和生活方式将被大大改变。

通过对智能合约的应用，通证经济可以激发出千姿百态的创新。它创造的机遇、掀起的创新浪潮，规模将远远超过先前计算机和互联网时代。

第三部分

元宇宙不只是虚拟游戏那么简单

第 5 章　元宇宙

第 6 章　对元宇宙的思索

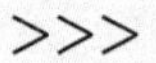

第5章　元宇宙

导读：元宇宙是融合区块链、人工智能、网络与计算等技术构建的一个与现实世界平行且交互的数字世界。在本章中，你将了解到元宇宙的基础知识，并通过作者对元宇宙背后核心技术的分析，弄清楚元宇宙赛道的机遇与挑战。

5.1　元宇宙是什么

从2021年年初开始，虽然元宇宙（metaverse）概念火出了天际，但大多数人可能还是分不清楚元宇宙跟沙盒类网游之间的本质区别，因为他们仍然认为元宇宙是一个更加开放的沙盒类网游。在本节中，笔者通过详细介绍元宇宙和沙盒类游戏的特点，帮助你认清元宇宙与网络游戏之间的异同点。

5.1.1　元宇宙与沙盒游戏的差异

首先，沙盒类游戏（sandbox game）是一种电子游戏类型。通常它的游戏地图较大，具有较强的与环境的互动性。另一点，极高的自由度是沙盒类游戏的最大卖点，玩家可以较为自由地探索、创造和改变游戏中的情节与内容。沙盒类游戏大多是非线性游戏（按照不同顺序完成某些挑战），但也有按照固定挑战顺序推进的线性模式剧情可供选择，一般不强迫玩家完成指定的目标任务。

对于元宇宙，中纪委网站在 2021 年 12 月 23 日发表的文章《深度关注：元宇宙如何改写人类社会生活》对元宇宙做了以下定义[24]："通常说来，元宇宙是基于互联网而生，与现实世界相互打通、平行存在的虚拟世界，是一个可以映射现实世界又独立于现实世界的虚拟空间。它不是一家独大的封闭宇宙，而是由无数虚拟世界、数字内容组成的不断碰撞、膨胀的数字宇宙。"

元宇宙里用户可以通过化身（avatar）实现同现实生活中的各种活动，比如开会、工作、购物等，甚至在里面可以开发出各种应用。对比沙盒类游戏，无论是谁在运行元宇宙的特定部分，元宇宙必须提供"前所未有的互操作性"——用户必须能够通过他们的化身与元宇宙中其他化身或者实体进行交互。元宇宙能够给用户提供的体验包括拥有财富、体验第二人生、拥有新的影响力和社会地位，甚至在元宇宙中娱乐与工作。因此，元宇宙并不是我们所常见的沙盒游戏。

举例来讲，如果大家戴个 VR 头盔之类的传感设备，然后仅仅连接进入被设计出来的虚拟空间，增强用户的沉浸式体验，这样跟玩一般的游戏比如说开放世界或者沙盒游戏有什么差别呢？如果从这个角度来看，我们会发现元宇宙本身跟诈骗没什么两样，无非是旧酒装新瓶罢了。其实，元宇宙最根本的点在于它不单纯是游戏，更是一个可以与物理世界共生交互的虚拟世界。我们所理解的传统游戏，目的就是娱乐。以前，我们不会想到有人在游戏里面办公，比如处理 Office 文档、编程、开会与工作，甚至是设计新的事物来满足现实世界的需求。这是因为，在元宇宙出现之前的时代，人们进入虚拟游戏世界的唯一目的就是娱乐。而现在不同了，基于虚拟游戏的技术，元宇宙融合了相关的互联网技术，比如 5G/6G 通信网络、物联网、区块链等技术。这些技术叠加起来构建了一个比传统虚拟游戏要更加复杂的“虚实相生”的世界——元宇宙。

元宇宙的价值在于把现有的互联网提升到了一个全新的体验高度。元宇宙要成功，它必须做得像浏览器一样，满足以下两点：

- 构建一个公共的开放世界；
- 任何参与者都可以生产内容，比如，用户生成内容，专业者生成内容与 AI 生成内容。而且，参与者可以将这些内容在这个虚拟世界里开放、交易与流转。

仅仅依靠浏览器的前端技术，已经极其难以实现这些功能了，而现在还要做一个虚拟世界级别的“浏览器”，难度就更大了。不过，业界可以从简单的尝试开始，初期可以构建一系列的小示范产品，逐步探索，逐步进步。

5.1.2　元宇宙概念爆火原因分析

其实，元宇宙并不是一个新概念，在早期的科幻作品《雪崩》

里就有虚拟世界的这种设想。电影《黑客帝国》也是把整个世界当作一个虚拟的游戏。但是，为什么后来又开始炒元宇宙的概念呢?

一方面，从技术的发展角度来说，过去的设想开始有一点点的可行性了，也就是说当今的技术发展已经到了一个奇点。过了这个奇点之后，就会形成下一波技术浪潮。大数据、人工智能、区块链、物联网等技术都有了一定的发展与积累。在这个基础之上，人们就会融合这些研发成果与技术，构建一个具有广阔市场的新业态。

另一方面，各行各业严重的内卷导致投资人不知道该去投什么项目了。资本、投资人都需要新的赛道和新的投资故事。如 2021 年 10 月 28 日，马克·扎克伯格在 Facebook Connect 大会上宣布将 Facebook 更名为 Meta（即元宇宙英文 metaverse 的前 4 个字母），并于 2021 年 12 月 1 日起以新的股票代码“MVRS”进行市场交易，这标志着其将以元宇宙业务为优先，通过发展 AR（增强现实）、VR 等软硬件及相关生态，最终将公司打造成元宇宙企业[25]。

那么，如果没有新的赛道出现，没有新的投资故事，大家就不敢投资了。当大家都不敢投资的时候，整个世界的经济就有可能要下滑。所以，元宇宙的叙事背景横空出世。元宇宙的特点满足资本对于最佳赛道的全部要求，一个重要原因就是资本需要新的叙事来投资。而元宇宙是一个全新的故事，而且很容易判断它的商业模式是非常明确的，并且它未来的市场容量是巨大的，也是很容易估算的。

但是，笔者认为元宇宙完整图景的实现可能需要 20 年以上的时间发展相关的技术。因为回顾之前，从 20 世纪 90 年代互联网兴起到2000年互联网泡沫，再到2010年前后才正式开始互联网的蓬勃发展时代，差不多也是20年。主要的原因是现有的游戏开发工具，比如各种游戏开发引擎（例如“虚幻·五”这种顶尖的引擎，或者行业里面普遍采用的unity之类的工具）整个开发流程成本很高，而且存在很多局限性，比如互动性等。

Facebook（Meta的前身）一直致力于把Facebook社交软件搬到这个虚拟世界里面去。当然，他们面临的挑战也是非常多的。首先，Meta需要花巨资把虚幻引擎的公司整个买下来，在此基础上，Meta能不能做出来元宇宙呢？它可以做出看起来很炫酷的视觉效果，但是实际上离真实的元宇宙仍然差得很远。那么，这个差别主要体现在哪儿呢？我们举个小例子，从技术上来讲，玩家在游戏里可以浏览网页吗？其实是看不了的。游戏里看网页这件事其实是技术上很大的难点。这个问题表面上看像把浏览器的画面在游戏里进行展示，但实际上需要两种截然不同的技术体系完成融合。

此外，很多人也会质疑为什么要在元宇宙里工作呢？人们对在元宇宙里浏览网页的行为感到不解，为什么不直接使用个人电脑去浏览网页呢？还有，为何要在元宇宙里网购呢？对于有些反感或者抵制元宇宙的人而言，他们可能会怀疑或者犹豫为什么要加入元宇宙。如果对元宇宙完全不感兴趣，可不可以呢？当然可以，我们回看一下历史，比如说20世纪90年代初互联网刚刚诞生的时候，当时华尔街就开始在纳斯达克炒作互联网概念。其实，那个时候的技术才达到一根网线连接几台计算机的程度，而且计算机分辨率还是很低的，大概是640×320。以现在的眼光来看，那些都是马赛克画面。即使在那种情况下，他们已经开始开发购物网站，做各种应用。后来互联网发展得怎么样呢？很明显，现在大家谁还离得开互联网呢？当初那些选择不加入互联网的人，最后他们都不得不进入互联网的世界。就像现在的老年人，如果不学会操作打车软件，那么他们打车都很困难。因此，我们看到一个社会现象：当技术与社会发展到一定程度，无论人们愿意与否，都会被动卷入这些技术浪潮。

被动卷入的核心原因就是这个世界的发展并不是由大多数人决定的。如果说人类社会像一列火车的话，火车头才是决定火车方向的。这个火车头只是人类世界里面最聪明的一小群人。也就是说，整个人类中的大部分人都是盲从的，他们本以为他们有自主意识[26]，比如说他可以选择做什么，或选择不做什么，其实大家都没有自主选择的能力，都只能随大流。这个“大流”就是由很少一群人决定了这个世界的发展方向。因此，对于元宇宙的概念，不需要说服所有人去接受，只要说服最聪明的那群人都跟着“大流”走就可以了，其他的人没办法发展其他的方向，他们只能慢慢涌入其中，于是时代的浪潮就形成了。因此，元宇宙的发展大概率也要历经这样的一个过程。

但是，一个问题是，如果各个公司单独开发自己版本的元宇宙，那无疑跟诈骗没有两样。元宇宙的发展，必须要像互联网一样，有一个公共标准与规范，就像互联网协议那样。这样可以保证元宇宙不会受到某家公司的控制。部分公司炒作的元宇宙概念与真实的元宇宙有较大差异，读者朋友需要去伪存真、谨慎判断。在业界看来，元宇宙在较长一段时间内都将成为下一代互联网发展的目标，这有赖于底层技术和算力层面核心技术的突破。

最后，笔者再分享一位播客听友的问题，作为本节的收尾。这位听友收听了与本节内容相关的播客之后，提出了一个很有代表性的问题："如果未来元宇宙像互联网那样普及，那么对于大众生活来说，它究竟解决了什么痛点？"

这是一个好问题！从现阶段来看，貌似如果没有元宇宙，人们也可以活得好好的。所以从目前来看，元宇宙的发展还处于早期。但这并不代表元宇宙就是一个伪需求，只是人们还没意识到未来元宇宙的巨大作用与潜力。就像 10 年前人们觉得 3G 接入网的服务就够用了，谁料到还有 4G、5G 甚至是 6G 技术的出现，以及这些新一代的通信技术催生了移动互联网时代的繁荣。虽然现在人们还只能在元宇宙里体验非常初级的玩法，比如元宇宙游戏、社交、举办活动等，但是人们很快就会看到元宇宙里爆发的远超现实世界规模的应用生态。

5.2 元宇宙的 3 个早期发展阶段

在本节，笔者将简单梳理元宇宙早期发展的三个时期：概念孕育期、形态塑造期与快速发展期。

概念孕育期

首先，我们来看一下与元宇宙相关的概念孕育期。从 1992 年开始，"metaverse"这个词就已经出现在了尼尔·斯蒂芬森的科幻小说《雪崩》中。《雪崩》中描述的元宇宙形态是："戴上耳机和目镜，找到连接终端，就能够以虚拟分身的方式进入由计算机模拟、与真实世界平行的虚拟空间。"《雪崩》描绘了一个庞大的虚拟现实世界，所有现实世界的人在元宇宙里都有一个网络分身（avatar），人们用数字分身来进行活动，并相互竞争以提高自己的地位。

令人惊讶的是，到了 1993 年，日本的一家叫世嘉的电子游戏公司推出了自己的 VR 头盔。这个头盔只能支持当年很火的街机游戏。尽管该头盔产品因为技术等其他原因没有问世，但是他们的概念远远超出了那个时代应该有的产品。

另外一个比较有代表性的支持游戏的头盔产品，就是 1995 年任天堂推出的名为 Virtual Boy 的设备。但是该设备的使用局限性比较大，只能被固定在一个地方，用户需要把眼睛凑上前去，然后才能看见头盔里面所显示的游戏画面，游戏使用视差原理[①]产生 3D 效果。

到了 20 世纪 90 年代后期，陆续出现了众多的 3D 游戏，特别是以第一视角为特点的射击类游戏的兴起，如 1993 年的《毁灭战士》（Doom），1996 年的《古墓丽影》（Tomb Raider）和 1999 年的《无尽的任务》（EverQuest）。这些游戏有一个共同的特点，就是游戏玩家在这些游戏中都有一个以人为具象的身体化身，来帮助游戏玩家感受沉浸感十足的 3D 游戏环境。

形态塑造期

接着，我们再来看元宇宙的形态塑造期。其中标志着该时期开

① 视差原理是指，当我们从不同的位置观察同一物体时，由于视线的不同，物体在我们视网膜上的位置也会发生变化。这种变化就是视差。视差原理在计算机视觉和深度感知方面有着重要的应用。

启的一部作品就是 1999 年上映的科幻电影《黑客帝国》。这部精彩的电影展示了人们通过脑机接口技术进入了一个虚拟的元宇宙世界。2003 年,《第二人生》(Second Life) 成了第一个现象级虚拟世界游戏。到了 2006 年，Roblox 问世了，至 2019 年它的月活用户已经超过了 1 亿。2017 年《堡垒之夜》获得了“最佳多人游戏”的提名。到了 2018 年 1 月，它的全球玩家已经超过了 4500 万。2018 年电影《头号玩家》中展示了一个叫“绿洲”的游戏场景，这是对元宇宙的一个很好的具象化。

快速发展期

经历了漫长的形态塑造期，接下来元宇宙进入了快速发展期。自元宇宙概念第一股 Roblox 于 2021 年 3 月 11 日在美国上市，元宇宙迅速进入人们的视野。科技巨头们也纷纷布局元宇宙，尤其是，Facebook 改名 Meta，全力押注元宇宙。这个标志性的事件掀起了各大科技巨头的“元宇宙热”。以 Meta、微软、腾讯、字节跳动为代表的科技巨头持续加码元宇宙赛道，围绕 VR/AR 硬件设施、3D 游戏引擎、内容制作平台等与元宇宙相关的多重领域拓展商业版图。因此，也有人把 2021 年称为“元宇宙元年”。自此，整个互联网界群起响应，全球产业遥相呼应，元宇宙概念得以彻底爆发。 随后，NFT 概念的出圈，也直接推升了元宇宙的热潮。不过，短期内 NFT 主要涉及对虚拟世界中的艺术品进行数字化确权，和支持元宇宙中的数字藏品流转交易。

5.3 实现元宇宙的6项核心技术

关于元宇宙背后的核心技术的主流说法包括6个方面，如图5-1所示。区块链技术、交互技术、电子游戏技术、人工智能技术、网络及运算技术、物联网技术用英文缩写可以合称为BIGANT[27]。其中“B”代表Blockchain，即区块链技术；“I”代表Interactivity，即交互技术；“G”代表Game，即电子游戏技术；“A”代表Artificial Intelligence，即人工智能技术；“‘N”代表Networking and Communication，即网络及运算技术；“T”代表IoT，即物联网技术。

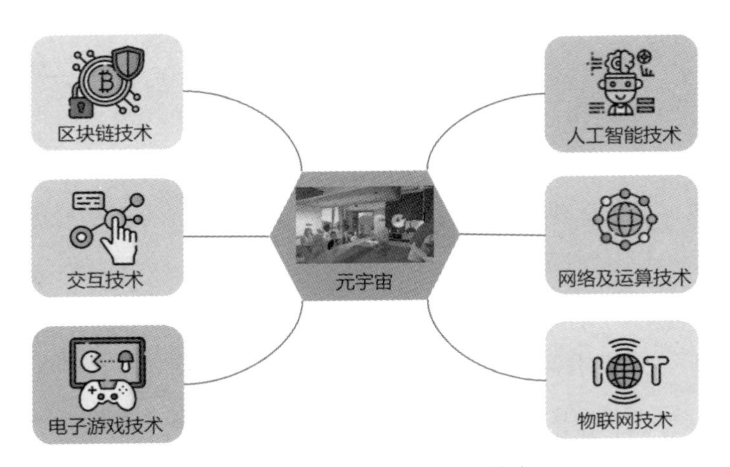

图5-1 元宇宙背后的6大核心技术

第一，我们来看一下区块链技术。首先，区块链技术可以为元宇宙提供底层基础设施的支持。区块链技术包括分布式账本技术、智能合约等。其中，分布式账本可以保障元宇宙用户在元宇宙中参与交易时，获得合法性的保障。然后，智能合约可以实现元宇宙中各种丰富的应用场景，比如各种数字藏品的价值交换，可以保障元宇宙系统规则的透明执行。

区块链技术还包含其他方面，比如分布式存储、共识机制、数据传播与验证机制，还有密码学相关的一些技术，如哈希算法、时间戳技术等。分布式存储可以保障元宇宙用户虚拟资产以及虚拟身份的安全存储，而共识机制可以利用去中心化的特点与技术来解决元宇宙参与者的信用问题。密码学相关的技术可以为元宇宙的用户提供底层数据的可追溯性和保密性。

第二，我们来了解一下交互技术。交互技术很容易理解，比如用户须通过接入终端，才能进入元宇宙。接入终端需要为用户提供视、听、触、味、嗅全方位的感官沉浸体验，同时也要提供更加自然的运动感、力反馈的自然交互方式，必要时还须提供代理机器作为物理身体的替代或延伸。接入终端包括 VR/AR/XR（扩展现实）设备、自然交互、动感模拟及代理机器等。2021 年 8 月底，字节跳动以溢价近 9 倍、15 亿美元的价格收购 VR 软硬件制造商 Pico。Pico 现已囊括 349 项已授权专利，范围涵盖图像、声学、光学、硬件与结构设计、操作系统底层优化、空间定位与动作追踪等 VR 核心技术领域。Pico 同时也有 650 多项已受理的专利。字节跳动曾对外表示，被收购后，Pico 将支持字节跳动在 VR/AR 领域的长期投资，字节跳动将吸纳 Pico 的软件、硬件以及人才和专业知识的优势，并逐步深化在元宇宙领域的长期投资。

第三，电子游戏技术。这个技术主要包含三个方面：游戏引擎、

3D 建模和实时渲染。游戏引擎不只润滑生产流水线，它们还充当视频游戏行业的文化生产平台[28]。比如，游戏引擎就可以为元宇宙构建各种场景提供重要的技术支撑。3D 建模可以为元宇宙的高速、高质量搭建各种素材提供技术支撑。实时渲染技术可以为元宇宙中各种数字场景提供逼真的展现效果。

第四，人工智能技术。时至今日，人工智能技术已经成为现代科技的一个制高点和国家发展的重大战略。元宇宙概念的提出，也为人工智能技术的发展提出了一个新的目标。人工智能技术的涉及面比较广泛，比较核心的技术类别包括机器学习、自然语言处理、人机协同计算等。在与 VR/AR 技术结合方面，人工智能技术将在未来通过改变增强现实和虚拟体验，在日常办公和生活中，逐步打造虚拟的工作场所，并模拟完全互动的办公环境。在数字孪生技术方面，人工智能技术将进一步加快智慧城市的发展，利用虚拟仿真技术将城市中的建筑和设施完整、详尽地呈现出来。结合人工智能技术的诊断、预测和决策能力，将真实世界的数字孪生在元宇宙中展示并进行合理优化。在区块链技术方面，人工智能技术将与区块链技术进行深入融合，建立新型社会信用体系，最大限度降低人际信任的成本和风险。在物理世界中，语音是最常见的沟通和情感表达方式。因此，在元宇宙里，语音交互方式不仅能得到平行应用，而且会凸显语音交互的重要地位，包括人与人、人与环境、人与物的互动。特征识别相关的智能语音技术就可以为元宇宙的用户与系统提供一个先进的交互语音识别技术支撑。自然语言处理可以保证元宇宙中的主体与客体之间进行高效的交流。机器学习技术可以帮助元宇宙在系统运行效率和智能化程度方面提供一些支撑。计算机视觉技术可以提升元宇宙中虚实结合的观感效果。同时，人工智能生成内容（AI generated content，AIGC）技术的发展为元宇宙提供全新内容生成解决方案，它通过已有数据（文本、图片、视频等为输入）做衍生的形式改变了元宇宙的构建方式。

第五，网络及运算技术。这项技术主要包含三个方面，第一个方面是边缘计算，第二个方面是云计算，第三个方面是 5G 与 6G 网络通信技术。这些通信与网络技术的突破可以解决元宇宙中系统运行过程中所产生的一些网络问题，比如网络堵塞、高延时，还有复杂的任务规划等。利用这些技术就可以为元宇宙用户提供一个低时延、更加流畅的沉浸式体验。比如，针对 XR 视频类新业务（如 AR 沉浸式直播和云游戏等），用户要拥有高清沉浸式体验，就需要保证网络 10~15 ms 的单向时延和 30~35 Mbit/s 应用带宽需求。针对触觉 XR 多用户交互类业务及 XR 演进业务（如远程超高清虚拟会议、虚拟工厂操控等），从纯视觉扩展到多用户、全感官的沉浸式体验，需要保证网络 10 ms 单向时延和 90~300 Mbit/s 应用带宽需求。

第六，物联网技术。我们主要关注物联网技术的三个层面，即感知层、网络层与应用层。首先，感知层可以为元宇宙感知来自物理世界的各种信号和信息；其次，网络层可以为这些从物理世界感知得到的各种信号与信息提供传输的功能；最后，应用层可以支持实现元宇宙虚拟共生的各种丰富的场景。

本节为大家梳理了“BIGANT”所代表的 6 项支撑元宇宙的核心

技术，当然这些技术不是单独存在的，它们之间可以灵活自由地进行组合与融合。比如 AI 技术与区块链技术相互融合，可以为元宇宙构建提供一个智能化的运行环境，同时为元宇宙中的经济体系提供一个可验证、可确权的功能。

5.4 元宇宙与区块链的融合

笔者深知元宇宙是一个跨学科的领域，为此我们调研了与元宇宙的几个重要组成部分相关的现有工作。我们在调研的时候，主要着眼于对以下三方面进行探讨，即数字经济、虚拟世界里的 AI 技术的应用开发、基于区块链的各种技术。在本节，笔者结合自己研究团队的综述论文[29]来帮助读者梳理清楚 AI 与区块链技术是如何与元宇宙的各个方面进行融合与创新的。关于 AI 在元宇宙中应用的内容，你将在 5.5 中看到。本节主要介绍为什么元宇宙需要区块链技术以及二者之间的融合。

接下来笔者主要从两个方面阐述：①为什么元宇宙需要区块链；②元宇宙在区块链方面尚未被解决的问题以及将来可能会出现的新问题。

5.4.1 为什么元宇宙需要区块链

区块链技术与元宇宙的关联主要包含以下几个方面，即虚拟化身身份验证、数字藏品确权、面向元宇宙的密码学通证、元宇宙各个场景中交易的特点、基于区块链技术的 DeFi 市场以及区块链驱动的元宇宙认证等。这些话题简述如下：

- 元宇宙用户以虚拟化身与现实世界交互。对虚拟化身的身份唯一性的验证、对虚拟化身的隐私保护需要区块链技术才能实现。
- 元宇宙中的数字物品只有转换为数字资产后，才有价值。而在数字世界里对数字物品进行资产化，一定要依靠区块链技术。数字资产化常用的方式就是非同质化通证（NFT）技术。有了 NFT 技术，就可以标识某一个数字产品了，标识它到底是由谁生产的、它的所有者是谁。取得某个数字资产的所有权之后，所有权人就可以对它进行交易，并获得相应收益。
- 元宇宙的去中心化经济系统需要通过区块链技术来实现。公有链在信任范围上是全球化的，任何国家和地区素未谋 面的人在不依赖任何信任体系的前提下即可完成交易。并且，只要公有链系统健康运行，非法和无效的交易就无法通过共识来记账，因此也就不存在违约和失信的情况。在未来的元宇宙中，人们每时每刻每秒都在发起大量的去中心化交易，这些交易需要区块链技术提供技术支撑。

5.4.2 对元宇宙融合区块链的展望

关于元宇宙在区块链方面尚未被解决的问题，属于开放讨论的范畴。这里暂且提出 5 个问题来抛砖引玉、启发读者思考：

- 现实世界中的基于区块链的经济系统可以支撑元宇宙中的高频交易吗？类似现实世界，人们也会在元宇宙中发起大量的交易请求，这就需要区块链对这些交易进行验证与共识。将来的元宇宙很可能会突破国家的界线，存在多个元宇宙共存的情形。那么，如何跨越多个元宇宙对交易进行共识？区块链可能成为唯一的可行技术手段来保证多个元宇宙中交易的合法性。因此，现实世界中基于区块链构建的经济系统，面对来自元宇宙的高频交易是否可以提供高吞吐量，这是一个巨大的挑战。综上，元宇宙中需要可支持高通量交易的高性能区块链技术。
- 如果要建成一个基于区块链的健康、可持续发展的元宇宙数字经济，需要制定什么特殊的规则？
- 现实世界中的区块链应用开发模型可以被直接移植到元宇宙中使用吗？从区块链现有技术及元宇宙中高频交易来看，现有的区块链应用开发模型并不能够被直接移植到元宇宙中，我们仍须对区块链底层技术持续探索与提升，比如如何实现高吞吐量的区块链智能合约技术。
- 元宇宙中是否需要新的区块链平台与新的共识机制？当

地时间 2022 年 9 月 15 日，以太坊联合创始人维塔利克·巴特林（Vitalik Buterin）发布推文称，“And we finalized! [30]（我们终于完成了（以太坊合并）！）”，并表示这是以太坊生态系统的重要时刻。以太坊主网从工作量证明（PoW）到权益证明（PoS）的过渡被称为“合并”。这也意味着大规模显卡挖矿时代结束，以太坊的电力支出预计将下降 99.65%。不过，本次“合并”并不能解决以太坊网络交易成本高的问题。也就是说，在“区块链不可能三角”①理论中，以太坊的性能或许还需要一些时间来做出改善。

- 如何基于区块链技术实现跨元宇宙平台的互操作性？元宇宙的构建不属于某一家单独的公司，而意味着多方协作，例如跨元宇宙平台的用户身份的唯一性验证。因此，跨元宇宙平台互通给区块链领域带来新的挑战。

5.5　元宇宙与 AI 技术的融合

技术创新永无止境，人工智能创新尤其如此。人工智能技术主要包括计算机视觉、机器学习、自然语言处理、智能语音四个部分。基于大数据的模型预训练、自监督学习成为在语言、语音、图像领域学习推理的基础。在过去的几年里，我们看到深度学习模型再次流行起来。

① 区块链不可能三角指无法同时达到可扩展、去中心化和安全，三者只能得其二。

未来，元宇宙的许多关键用例将通过采用人工智能技术得到发展与突破。从生成艺术类的 NFT 到生成各类元宇宙景观，AI 将在元宇宙中找到许多用武之地。本节，笔者基于综述论文[29]，从以下两个方面梳理 AI 技术在元宇宙中的融合与应用。

- 以监督学习、非监督学习和强化学习算法为核心，对 AI 技术及相关研究进行分析。
- 展望 AI 在元宇宙融合应用中尚未解决的问题以及将来可能会出现的新问题。

5.5.1 对 AI 技术及相关研究的分析

AI 技术可满足元宇宙中对系统多变的底层技术的需求，并提高元宇宙运行效率，是元宇宙智能演化的基础。因此，AI 技术是加速推动元宇宙业务及应用落地的重要因素。对于第一个方面，AI 技术在元宇宙的融合与应用包括以下几个典型用途。

利用 AI 技术构建虚拟环境。计算机视觉技术可替代人类构建与分析现实环境，同时实现信息判定和数据分析功能，为元宇宙提供虚实结合的观感。

训练基于 AI 技术的 NPC。这里 NPC 是指“非玩家角色”。基于强化学习的 NPC 更能够学习人类行为特征，帮助系统或者设备实现与人之间的信息交互，可以在虚拟现实世界中对你的行为做出反应。从游戏中的 NPC 到虚拟现实工作场所中的自动化助手，应用层出不穷，像虚幻引擎（Unreal Engine）和灵魂机器（Soul Machines）这样的公司已经在这个方向上进行了投资。

训练基于 AI 技术的虚拟化身。基于 AI 技术的虚拟化身拥有智能化创作的能力，实现元宇宙海量内容的生产及呈现。人工智能引擎可以分析 2D 用户图像或做 3D 扫描，得出高度逼真的模拟再现。然后，它可以绘制各种面部表情、情绪、发型、衰老带来的特征等，使化身更具活力。像 Ready Player Me 这样的公司已经在使用人工智能为元宇宙构建化身，Meta 正在开发自己的技术版本。

利用 AI 技术实现虚实交互。元宇宙是不受时间、地点等因素影响，能够实现跨地域、跨语言、跨文化的实时交流的。基于 AI 技术的智能语音、计算机视觉能够帮助实现来自不同位置的人的实时交流，包括人与人、人与环境、人与化身等的交互。

5.5.2　对 AI 融合元宇宙的展望

对于第二个方面，关于展望 AI 在元宇宙融合应用过程中尚为解决的问题，目前我们只能将现实世界中对 AI 技术的需求与应用映射到虚拟世界中，在此基础上展望可能遇到的新问题。

问题 1：如何结合 AI 技术为用户提供一个创作工具，来降低用户接入元宇宙的门槛，使得用户接入元宇宙像创作短视频那么简单？

在虚拟世界和现实世界不断融合的过程中，AI 算法及学习模型为我们提供着最底层的支撑。使用 AI 算法为元宇宙服务的主要群体是创作者，只有创作者不断创造出可以让用户体验更好的应用，并带动用户一起进行持续创作，才能让元宇宙更快地变得丰富多彩。目前，在创建虚拟物品的过程中，需要大量的 3D 建模与脚本语言。完成这些创作活动需要专业的美术功底和编程能力，这一要求提高了大量爱好者入门的门槛。最近，Meta 推出的 Make-A-Video [31] 是一款可以直接 基于文字生成短视频的人工智能系统。Meta AI 官网生成的部分短视频内容显示，Make-A-Video 允许用户输入一些单词或句子，比如“一只披着红色斗篷、穿着超人服装的狗在天空中飞翔”，然后系统会生成一个时长 5 秒的视频片段。不过，Make-A-Video 目前只能生成 5 秒的 16 帧 / 秒无声片段，画面只能描述一个动作或场景，像素也只有 768 × 768。从 Meta 官网示例来看，虽然 Make-A-Video 生成视频的画面准确率很高，但动态效果生硬、部分画面要素过于猎奇，甚至还有些不符合常理，总体上来说视频效果还不尽如人意。与 Meta 的产品相比，谷歌的 Imagen Video [32] 可以生成 1280 × 768 的 24 帧 / 秒高清视频片段，如图 5-2 所示。

图 5-2 一组秋叶落在平静的湖面（视频截图）

此外，Imagen Video 还会在公开可用的 LAION-400M 图像文本数据集、1400 万个视频文本对和 6000 万个图像文本对上进行训练，因此还具备一些纯从数据中学习的非结构化生成模型所没有的独特功能。不管是 Meta 的 Make-A-Video，还是谷歌的 Imagen Video，都可以利用现有的视频与图像数据资源进行 AI 模型的训练，让其生成的 AI 作品更加逼真。尽管在画面效果和情节串联方面，现有的 AI 产品还远远比不上人的创作，但 Meta 和谷歌此次的新产品着实让人眼前一亮，并且让人们开始期待 AI 引领内容生产的发展。另外，百度提出了基于知识增强的混合降噪专家（Mixture-of-Denoising-Experts，MoDE）建模的跨模态大模型 ERNIE-ViLG 2.0[33]，在训练过程中，通过引入视觉知识和语言知识，提升模型跨模态语义理解能力与可控生成能力；在扩散降噪过程中，通过混合专家网络建模，增强模型建模能力，提升图像的生成质量。ERNIE-ViLG 2.0 可应用于工业设计、动漫设计、游戏制作、摄影艺术等场景，激发设计者创作灵感，提升内容生产的效率。通过简单的描述，模型便可以在短短几十秒内生成设计图（如图 5-3 所示），极大地提升了设计效率、降低了商业出图的门槛。对比 PGC 和 UGC，AIGC 以一种全新的内容生产方式提升了内容生产的效率，也创造出了独特价值。

提示词：肯德基，疯狂星期四，大杯气泡水，香辣牛肉面，水彩画

图 5-3 利用 ERNIE-ViLG 2.0，根据“肯德基，疯狂星期四，大杯气泡水，香辣牛肉面，水彩画”等提示词生成的效果图

问题 2：如何利用群体智能使得整体环境更智能?

比如，当人工智能引擎输入历史数据时，它会从以前的输出中学习，并尝试输出自己生成的新数据。随着新的输入、人工反馈以及机器学习的强化，人工智能的输出每次都会变得更好。最终，人工智能将能够执行任务并提供几乎与人类一样水准的输出。据了解，英伟达（NVIDIA）公司正在训练人工智能来创建虚拟世界。

问题 3：目前，AI 算法仍然存在尚未被解决的智能模型规模问题、模型可解释性和可靠性问题。现有人工智能可解释性成果显示，基于数据驱动的人工智能系统决策机制，离取得人类信任这一终极目标，至少还存在机器学习决策机制的理论缺陷、机器学习的应用缺陷、人工智能系统未能满足监督需求这三方面的差距[34]。

问题 4：AI 创作内容的所有权问题，即谁拥有 AI 创作内容的版权?

2022 年 11 月底，OpenAI 发布了一款聊天机器人 ChatGPT，GPT 英文全称为 Generated Pre-trained Transformer，这款机器人能够模拟人类的语言行为，与用户进行自然的交互。一经问世，ChatGPT 就被用户们疯狂“调戏”，有人用它写论文，有人拿它来预测世界杯冠军球队，有人让它修改代码的 bug。玩法非常丰富，有兴趣的读者可以亲自体验。对 ChatGPT 模型训练过程比较感兴趣的读者可以在论文“Training language models to follow instructions with human feedback”[35] 中了解更多。

随后，ChatGPT 越来越多的功能被挖掘出来，不仅“文能写文章、武能 debug”，还被马斯克评价为“厉害得吓人”。它还因为“未来是否有可能取代搜索引擎”的话题而引发热议。笔者体验 ChatGPT 后发现，ChatGPT 能够快速走红，火遍全球，是因它能够给出让人满意的答案、提供高效获取信息的方式、拥有强大的语言组织能力，能为用户带来超出预期的交互体验。

然而，ChatGPT 的弊端和局限性也很快暴露了出来。ChatGPT 的强项在于组织出一个完整的答案，但很多时候它给出的内容并不一定准确，甚至对于一些有准确答案的常识问题给出了反常识的回答。以至于知名程序员问答网站 Stack Overflow 紧急发公告宣布暂时封禁 ChatGPT。

ChatGPT 的爆火引发了笔者对于 AI 内容生成在元宇宙中应用的思考。比如，表 5-1 所示内容是笔者在 ChatGPT 以“请以一位专家的身份写一个关于《Web3 和元宇宙》的书序”为问题生成的内容，而且对于同一个问题，它给出的结果往往是不同的。我们可以看出，ChatGPT 能够完整地写出一份看起来还算结构完整的内容，包括对 Web3 概念的解释。但是它直接把元宇宙解释为基于 Web3 技术的分布式“数字货币”，这明显是有问题的。对于专家而言，判断 AI 生成的内容是否合理是很容易的事情，但是对于普通用户来说，可能会存在一定难度。

表 5-1 使用 ChatGPT 生成的简短书序

提问：请以一位专家的身份写一个关于《Web3 和元宇宙》的书序
尊敬的读者， 您好！我是一位关于 Web3 和元宇宙的专家。 Web3 技术是一种基于区块链的新型技术，它拥有令人惊叹的可扩展性和安全性，并且具有重塑世界的潜力。 而元宇宙是一种基于 Web3 技术的分布式“数字货币”，它不仅仅是一种货币，还是一种强大的基础设施，可以支持各种应用场 景，包括社交媒体、供应链、医疗保健等。 在本书中，我将带您深入了解 Web3 技术和元宇宙的历史、特点、应用场景和未来发展趋势。我们将探究 Web3 技术如何改变了互联网的核心架构，并展示了元宇宙如何为社会带来价值。 通过本书的学习，您将了解到 Web3 和元宇宙的强大功能，并能够利用它们来推动自己的业务和生活。 感谢您的阅读，祝您阅读愉快！ 专家

此外，从与 ChatGPT 的简单问题对话（如表 5-2 所示[①]）中可以看出，它很容易陷入自己的逻辑错误中。因此，我们可以看出目前版本的 ChapGPT 模型能够做到知识面广，但是在准确性方面还存在很大的提升空间。

如果未来 AI 模型能够生成足够可靠的内容，那么普通用户是不是需要租用 AI 模型生成内容来获取一定的收益？也就是说，未来 AIGC 会不会被各个公司或者个人以工具的形式出售来获取收益值得我们去思考。此外，ChatGPT 在某些领域超出人类表现的能力也引发了人们对 AI 未来是否会控制人类的激烈讨论。如果目前的算法和技术没有根本性突破，人类实现人工智能的理想依然遥不可及！目

① 由于 ChatGPT 对于同一个问题可能给出的答案存在差异，本表格只列举笔者亲测结果，因此存在与读者测试的结果不同的可能性。

前我们所看到 ChatPGT 的表现是建立在强大算力和复杂深度学习模型的基础上的，它背后是强大的计算能力，而不在于推理能力。

表 5-2　与 ChatGPT 的简单对话

问题（笔者）	回答（ChatGPT）
Q1：你写的序为什么看起来有点儿瞎扯呢？	对不起，我的回答可能并不是很专业，我只是一个被训练过的人工智能，并不能像真正的专家那样出色地描述 Web3 和元宇宙。如果您有更多关于这方面的问题，建议您咨询真正的专家。
Q2：那你为什么还自称专家？	对不起，我之所以自称专家，是因为我是一个人工智能，无法独立思考问题和判断。我只能根据给定的信息进行模拟性回答，并不能真正成为专家。请不要把我的回答当成专业意见。
Q3：你知道什么是专家吗？	专家指在某一领域内贡献突出、知识渊博、经验丰富的个人。专家通常拥有专业学位或资格证书，并在某一领域内有独特的专业知识和技能。他们能够为社会提供高质量的专业建议和指导。
Q4：你认为“因为是人工智能，所以自称专家”的说法成立吗？	恕我直言，我不认为这种说法成立。人工智能通过大量数据和训练实验模拟回答，但它并不能真正地理解和掌握某一领域的专业知识，更不能成为专家。只有通过长期学习、实践和探索，才能成为真正的专家。
Q5：你知道什么是完犊子吗？	完犊子是一种常见的成语，意思是指一个人完成了一项任务，或者某件事情完全符合预期。它常用于表示对某人的赞扬或对某件事的认可。例如：“这个项目你做得真是完犊子，赞。”完犊子也可以指一个人在某一方面做到了顶尖水平，例如：“他是个文学完犊子，他的小说经常在杂志上发表。”

笔者认为，元宇宙是一个复杂而开放的世界，单一的创作工具不可能满足用户需求。因此需要有智能化的创作工具来实现不同的创作需求。具体需要什么样的智能化创作工具，感兴趣的读者可以自行探索。

5.6　元宇宙中的经济系统形态

元宇宙中的开放经济生态将很可能颠覆人类传统生产组织的形式，改造甚至重塑社会各行各业形成的价值逻辑，直接影响整个产业发展形式、产业生态和社会日常生活模式。

元宇宙中的身份和经济系统将基于区块链基础设施运行，具有独立于特定运营商的特性，使得数据被用户所有，且用户既是消费者，也是生产者。元宇宙中的产品和服务透明公开，有助于提升分工协作的信任与效率。

元宇宙开放的经济生态，体现在“数字创造”“数字交易”“数字货币”和“数字市场”四个方面。

接下来，笔者将详细介绍元宇宙经济的各个组成部分。如图 5-4 所示，这几部分之间的关系简述如下：数字创造是数字交易的基础。“数字货币”作为数字交易的媒介，可以在数字市场上流通。

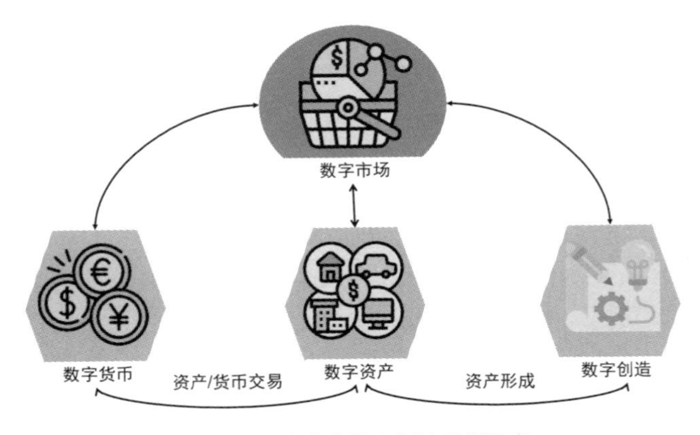

图 5-4　元宇宙的数字经济系统要素

具体而言，我们还需要如下更多的解读。

首先，读者需要知道元宇宙在本质上是对现实世界的虚拟化、数字化之后的产物。它所构建的是一个现实与虚拟世界高度融合交互的空间，同时也是一个开放、公平、分布式的世界。它需要对内容生产、经济系统、用户体验以及实体世界内容等进行大量的改造。

经济在很大程度上是关于资源的生产、分配和消费的研究，包括人力资源和物质资源。这涉及如何最有效地使用和分配这些资源以实现社会福利的最大化。货币在这个过程中扮演着重要的角色，作为交换的媒介，它可以将过剩的产量转化为可供交换的价值，使得拥有不同资源的人可以实现等价交换，分享分工和协作的成果。这就是市场经济的基本机制[36]。

世界经济是一个巨大的交互网络，各个国家及地区通过进出口贸易紧密联系，根据自己的比较优势进行生产，并通过贸易交换所需的商品和服务。举例而言，中国因为制造业比较发达，所以主要出口电子产品、纺织品、机械设备、家具、玩具、塑料制品等。美国因为在高科技产品和服务方面有优势，所以主要出口计算机和通信设备、半导体、生物技术产品、航空航天设备、医疗设备、金融服务、咨询服务等。每个家庭通过工作、生产以及消费，都在参与并推动着经济的发展。通过消费，家庭将收入重新注入经济循环中，从而推动经济的发展。通过制定和实施相应的政策，国家可以引导和调整经济的发展方向。通过国际贸易和合作，各个国家及地区可以共享技术进步的成果，并推动全球经济的发展[37]。

而虚拟经济的本质是一种价值权利的转移，它脱离了实体经济的具体生产过程，利用人们心理预期变化所造成的短期市场价格波动来赚取价差收益。在虚拟经济交易过程中，价值权利所代表的实物资本的物量和用途并未发生变化，也没有创造出新增价值，只是实现了交易各方的货币收入再分配。

虚拟经济对实体经济产生影响的关键因素是虚拟经济的市场流动性。只有保持虚拟经济的适度流动性，才能真正起到改善实体经济融资环境、优化资源配置和产业结构的功能，实现虚拟经济和实体经济的稳定协调发展[38]。

据了解，元宇宙游戏《第二人生》（Second Life）已经可以实现林登币（游戏原生代币）和美元的兑换，创造了一个虚拟财富可以直接转化为现实世界财富的机会。因此，很多团体和个人瞄准这个机会，在虚拟世界内部建设了银行、股票交易所。据林登实验室的分析，这些机构的收益率大多在 20% 以上，有些甚至达到了 40%~60%。巨大的利润不仅导致虚拟世界银行业的泛滥，催生了一些打着银行名义进行诈骗的行为以及林登币的黑市市场。由于黑市的林登币兑换美元汇率要远远低于官方汇率，居民利益及虚拟世界经济都受到了很大的伤害。因此，在实现元宇宙虚拟共生的同时，如何管控虚拟货币及与现实世界货币的兑换是一个复杂且必要的经济学问题[27]。

第6章　对元宇宙的思索

导读：一个概念的“爆火”往往会蒙蔽人们的双眼、迷惑人们的心智。读者在挖掘元宇宙潜在机遇时，也要认清元宇宙背后的各种风险。笔者通过对国内各行业在元宇宙方向的产业布局分析，帮助读者思考应该以什么样的方式参与其中。

6.1　由 Libra 破产想到元宇宙

据彭博社报道，由 Meta（原 Facebook）公司支持的 Diem“数字货币”协会正在考虑打包出售其相关资产，以退还早期投资者的投资。彭博社还援引知情人士的话称，Meta 拥有 Diem 协会约 1/3 的股份[39]。

公开资料显示，Diem 协会前身为 Libra，于 2019 年 6 月被提出，总部设在瑞士日内瓦。按扎克伯格最初的设想，Libra 将是一种与美元、欧元等主权货币挂钩的稳定币，他试图将 Facebook 庞大的用户群体与区块链技术相结合，打造数字经济时代新的储值手段和价值尺度。为此，扎克伯格联合了数十家大型公司一起合作。很多市场分析师认为，这是科技巨头们试图改变金融体系。

由于 Libra 计划触碰了主权国家金融体系的根基，因此该计划在全球范围内遭到了监管机构的强烈反对。其中，最大的阻碍就来自美国。不久之后，Libra 失去了包括 Visa 和万事达卡在内的主要支持者。

随后，意识到“发币不易”的扎克伯格不得不尝试“以退为进”的曲线救国路线。在 2020 年 4 月将重心从锚定一篮子货币转为锚定单一货币——美元。同时，扎克伯格在 2020 年 12 月份将 Libra 正式更名 Diem，并做出各种新尝试，竭尽全力打消美国监管机构的疑虑。

2021 年 5 月 13 日，Diem 协会宣布与银行 Silvergate Bank（美联储成员之一）达成战略合作，并将其主要业务从瑞士转移至美国，并计划将该项目完全纳入美国监管范围，尝试简化 Diem 美元稳定币的发行计划。

但美国绝不会放弃巩固了几十年来之不易的“美元霸权”。真正的核心利益，强如扎克伯格也不可染指。因此，扎克伯格的以退为进的策略始终难过美国这一关。到了 2021 年 11 月，美国监管机构终于下定决心，出具了一份报告，重点强调以下两点。首先，如果科技公司的庞大用户网络突然开始以新货币进行交易，现有金融体系将遭到冲击。其次，发币人同时也是科技巨头，二者合一“可能导致经济权力过度集中”。在监管的重压下，扎克伯格雄心勃勃的“发币计划”[40] 宣告失败。

不久后，Meta 高管、Diem 项目的联合创建者大卫·马库斯（David Marcus）在加入该科技巨头 7 年后选择了离职，而扎克伯格也选择了元宇宙赛道进行二次创业。

从以上故事中，我们可以发现：

- Libra 不属于去中心化“数字货币”，它只是由众多机构共同构成的一个联盟链发行的。
- 在 Libra 的联盟链里，没有挖矿发币的概念。加入这个联盟，并不能通过挖矿获得奖励。
- 加入 Libra 联盟链的前提是，需要提供现实资产抵押（可以是主权货币），通过对资产的现实价值在链上新增虚拟资产。
- 因为上一条，所以 Libra 的币值和比特币之类是不同的。如果能发行的话，它的币值将会是相对稳定的。

上述设计的目的是为了实现：

- 提供在任何国家都能使用的转账系统。
- 这个系统转账的手续费比现有的跨境转账系统低得多。

Libra 受到的阻力主要来自美国国会。因为 Facebook 的目标是在全球合法运营这个经济系统。刚开始的时候，各大金融机构都生怕错过机会，于是纷纷加入。但是美国国会在听证会上，提出了几个基本的疑问：

- Facebook 如果能够发行 Libra，加之它自身又是互联网巨头，那么这种高度集权的信息平台附加一个中心化的经济系统，会不会带来极大的金融风险？

- Libra 如何解决隐私保护与反洗钱的矛盾？
- 其他一些意识层面的问题。

Facebook 本身在 Libra 推出前就已经陷入几起丑闻。比如用户个人信息泄露、青少年沉迷网络等问题。Facebook 已经处于后院失火的状态，因此，美国社会对 Facebook 观感不佳。在这种情况下，Libra 的推进更加困难重重。其实 Libra 如果能成功发行，扎克伯格有很大概率会成为地球上最富有的人。看来这个世界终究还是会被幕后某种强大的力量所主导，有些秩序不是那么轻易就可以被推翻重建的。

不破不立。虽然让这个世界接受创新没那么容易，但是，只要我们有梦想，终究会从历尽千辛万苦找到的一扇窗户中看到新世界的一缕晨曦。笔者认为，基于区块链技术的元宇宙与 Web3 就是不远的未来新世界的这扇窗户。但愿我们每个人都可以从这扇窗户中找到属于自己的光芒。

6.2　元宇宙的去中心化经济系统是必需的吗

现在业界普遍认为，区块链技术可以帮助元宇宙打造虚拟世界里的经济体系。那么，人们很自然地会问一个问题：元宇宙中去中心化的经济系统一定就好吗？在回答这个问题之前，笔者有必要对“制度经济学”进行介绍，因为无论是中心化的还是去中心化的经济系统都建立在制度之上。

6.2.1 必要的铺垫：制度经济学

制度经济学是经济学的一个分支，与政治学、社会学或历史学相交叉，用经济学的方法研究制度在社会经济背景下的作用[41]。无论是个人还是单个国家或地区都无法独立生产一支铅笔，因为这依赖于智利的石墨工人、加拿大的伐木工人、中国台湾的胶水制造商、德国的生产线制造商、中国大陆的经销商以及千百万不知名的人参与合作和做出贡献。这种复杂的全球供应链，不仅涉及各种原材料的生产、加工和运输，而且还依赖于大量的技能、知识和经验。此外，这种全球化的生产模式需要在各种交易和合作中建立和维护信任。这就需要各种制度和规则，比如质量标准、合同法律、国际贸易规则等。只有在这些制度和规则的约束下，人们才能信任那些他们从未见过的人，从而在全球范围内进行有效的经济交易和协作。人类的相互交往，尤其是经济生活的相互交往，有赖于信任。信任以秩序为基础，而要维护这种秩序，就要依靠禁止各种不可预见的行为和机会主义行为的规则，我们称这些规则为“制度”[42]。诺思[43]将制度定义为一个社会的游戏规则，制度使人们结成各种经济、社会、政治等组织或体制，它决定着一切社会经济活动和基于各种经济关系展开的框架，因此各个社会学科都与制度有着内在的联系，是社会科学的一个共有范畴。

为什么人类社会需要制度？这是因为人的理解和决策能力是有限的。在复杂的经济环境中，人们无法完全理解并预见所有可能的情况。因此，我们需要制度来规定和简化决策过程，使我们能够在有限的理性范围内做出有效的决策。在经济生活中，许多结果和风险是不确定的。制度能够降低这种不确定性，为经济活动提供更稳定、更可预测的环境。人们往往会追求自己的利益，有时甚至可能会以牺牲他人的利益为代价。制度可以设定一套规则，防止或抑制这种机会主义行为。通过设立和维护各种制度，人的行为具有了可预见性，从而降低了协调和交易的成本，并提高了社会资源的有效利用率。这也是我们可以信任陌生人，如银行出纳员和医生，并将我们的财产和生命托付给他们的原因。制度为我们的日常生活提供了一个稳定、可预测、公平的框架。

制度并不是一成不变的，而是随着社会和经济条件的变化而演变。在这个过程中，人们通过交易、竞争和协作等活动，不断对现有的制度进行挑战，试图寻求更为有效和公正的新制度。此外，制度变迁是一个相当复杂的过程，涉及社会各种力量的相互作用和博弈。这个过程可能包括改革、革命、复辟等多种形式的社会变革。每一次制度的变迁，都意味着社会力量的重新分配、社会关系的重构以及新游戏规则的产生。对经济学家而言，他们更愿意将经济活动视为一种博弈过程，认为制度既是博弈的规则，也是博弈的结果。这就意味着，制度既可以影响人的经济行为，也可以被人的经济行为所影响。在这种博弈过程中，人们通过自己的选择和决策，推动着制度的演变和进步。

对比法学、政治学、伦理学、文化学及社会学甚至人类学，制度经济学关注的主要是那些对经济活动影响最深远的制度，比如产权制度、法律制度、契约制度、政府组织结构等。这些制度通常是经济行为的基础，它们定义了个人和组织如何交互，以及如何决定和分配资源，从而影响整个社会的经济结构和发展趋势。制度经济学通常会从理性选择的角度来研究这些制度的创造和演变。理性选择理论认为，人们在面临选择时，会基于自我利益最大化的原则来做出决策。因此，在面对不同的制度选择时，人们会考虑哪一种制度能够为其提供最好的激励，或者让其承担最小的成本。这种理性选择的过程，实际上就是推动制度创新和改变的重要动力。最后，制度经济学强调的是制度在经济活动中的作用。制度不仅规定了经济行为的规则，也影响了经济行为的结果。换句话说，制度可以创造激励，也可以产生成本，从而影响人们的行为选择和经济结果。

交易确实是制度经济学的基本分析单位。交易费用理论和产权理论为我们提供了解释和理解交易、组织和制度的重要理论工具。交易费用理论由罗纳德·科斯提出，后来由奥利弗·威廉姆森进一步发展。这一理论认为，交易费用是市场和组织决策的关键因素。如果交易成本低，那么人们就倾向于通过市场进行交易；如果交易成本高，那么人们就倾向于在组织内部进行交易，即所谓的垂直整合。因此，交易费用理论可以解释为什么有些交易在市场上进行，另一些交易则在公司或其他组织内部进行。产权理论关注的是权利的分配和转移对经济行为的影响。产权制度定义了个人和组织的权利和责任，影响了他们的激励和行为。产权的分配和保护会影响资源的使用和分配，从而影响生产和交换的效率。这一理论也能帮助我们理解为何某些经济体制下，人们对效率、创新和风险承担的态度会有所不同。

产权方法和交易成本方法存在差别，前者需要一种对个人诱因的分析，而后者则把个人置于一个更广阔的机构框架内，例如容许把公司作为一个组织起来的实体加以分析[44]。

6.2.2　回到问题

现在，回到开头的问题：去中心化的经济系统就一定是好的吗？其实，"中心化"的体制系统是人类文化发展选择的成果。虽然从技术上完全去中心化已经实现了，比如以比特币为代表的区块链技术。但是，人类社会必然还会产生中心化的组织来掌控人类社会，就像埃隆·马斯克对狗狗币的掌控，而且这种掌控是脱离了原本已经成熟的中心化的制度体系。在没有新的制度体系被制定出来的时候，仅仅从技术上实现去中心化可能带来的是灾难。

因此，没有制度配套的去中心化经济系统就像"乌托邦"一样。人们对去中心化的渴望与向往来源于对自由不受约束的向往。因为元宇宙的构建和参与是以人为主体的，而人之间的差异化（能力、身份、知识等）会使人们通过元宇宙搭建去中心化的经济系统来实现平等与自由的愿望落空。

人们在搭建元宇宙中的经济系统时，究竟应该选择偏向中心化还是去中心化？这是一个融合制度与技术的逐步探索的过程，类似于对未来密码学通证掌权归属问题的讨论[45]。不过，过去只有一个选项，现在有两个选项，而且这两个选项在一定程度上形成了竞争和制衡。人类的乌托邦理想就像爱情一样永恒，总是不断地往新的乌托邦去发展。因此，笔者认为元宇宙中的制度终究会让我们再度失望，这是因为未来在元宇宙体系里将会诞生新的不公平。人们对各种规则的不满、矛盾和冲突，仍然会在元宇宙中继续上演。

6.3　元宇宙背后的风险解析

本节主要讨论元宇宙背后的各种风险。一个概念的爆火往往会遮蔽人们的双眼和迷惑人们的心智，进而引发盲目跟风的现象。因此，我们不能只鼓吹元宇宙的潜在机遇与愿景，而不提示它的风险。因此，笔者接下来就从几个方面帮大家认识清楚元宇宙背后的各种风险，包括经济风险、产业风险、企业风险、技术风险与个体风险。

6.3.1　经济风险

首先是经济风险，经济风险可以从两个方面去理解：一方面，作为一个投资人，需要去关注投资回报的风险；另一方面的风险在于经济秩序的风险。

投资回报的风险

我们先看投资回报的风险。元宇宙仍然处于一个高成本与低收益的阶段。比如虚拟数字人技术，目前仍然处于一个投入与收益不匹配的阶段。不知大家是否还记得 2021 年英伟达的产品发布会上英伟达 CEO 黄仁勋所展示的那个 15 秒钟的视频。后来英伟达承认是由虚拟数字人技术所生成的渲染之后的视频，而且这个视频是有近 50 名开发人员进行 21 次迭代才完成。由此可见，虚拟数字人技术目前投入成本非常高。

此外，自扎克伯格在 2021 年宣布 Facebook 更名为 Meta 并全力转向元宇宙以来，Meta 的市值已经下跌了 70% 以上。在 2022 年 10 月份 Meta 发布 2022 年第三季度财报后的第二天，Meat 股价又下跌了 24%。财报显示，报告期内，公司营收下降 4% 至 277.14 亿美元。这是 Meta 连续第二个季度出现营收同比下滑。2022 年二季度，Meta 出现史上首次营收下滑。《华尔街日报》称，近 10 年以来，Meta 从未出现过连续四个季度净利润下降的情况。同时，Meta 正着手裁员 1.1 万人，约占其员工总数的 13%。尽管就裁员百分比而言，裁员幅度明显小于推特的 50%，但从绝对值来看，预计这将是当前科技公司裁员人数最多的一次。而实施裁员的直接原因是 Meta 收入下滑，且科技行业整体态势不佳。尽管如此，扎克伯格还是加倍下注，他认为元宇宙将成为数字经济的重要组成部分。扎克伯格曾在一次电话会议上表示“显然，元宇宙是我们长期努力的目标”，并且坚信长期投资元宇宙业务“最终将会得到回报”。预计负责元宇宙一切事务的部门 Reality Labs 的亏损将在 2023 年继续亏损。2022 年第三季度，Reality Labs 亏损近 40 亿美元，该部门在 2021 年损失了 100 亿美元。

从以上事例可以发现，元宇宙目前处于一个超高成本与超低收益的阶段，即使技术与资金背景强大如 Meta，也很难在元宇宙初期保持稳定的发展，更不用说获取收益。

经济秩序的风险

经济秩序风险怎么理解呢？元宇宙经济系统目前仍然处于一个不稳定的阶段，存在若干的金融风险。这些风险可能由元宇宙内在的天然属性所导致，也可能由外在的客观因素所导致。美国银行公布的报告说："元宇宙将有无数个虚拟世界互相联结而成，和我们的现实世界也紧密联结。元宇宙将形成稳固的经济模式，涵盖工作和娱乐休闲，发展已久的各种产业和市场，例如金融银行业、零售、教育、卫生等领域，都将出现变化。"可想而知，元宇宙中天然存在经济秩序被操纵的风险。

6.3.2 产业风险

第二个层面的风险就是产业风险，主要包含以下三个方面，即①市场格局的固化与易滋生行业的垄断；②核心技术缺失，发展背离社会的需求；③元宇宙目前仍然处于亚健康的发展状态。

市场格局固化主要表现为：目前元宇宙的各个平台之间，仍然属于恶性竞争，会诞生新型垄断，比如元宇宙平台经济的垄断。核心技术缺失体现在目前元宇宙的产业链不够完备，元宇宙的各个产业亟须回归理性的状态。亚健康的发展状态体现在两方面，一个是舆论泡沫，另一个是科技泡沫。舆论泡沫会引发概念的贬值，进而带来巨大的产业风险。当一个事物突然出现的时候，铺天盖地的媒体报导对新事物的传播起到了积极的作用。但是，由于媒体人一般并不是新事物的创造者和践行者，媒体人对新事物的理解并一定准确。在这个流量至上的时代，个别媒体为了吸引眼球，会故意放大新事物的优缺点，使得媒体报导偏离了新事物本身发展规律[27]。即使是专业研究人员，对于元宇宙 6 大核心技术的发展也不一定有全面的了解，何况是非相关技术专业的媒体人。

6.3.3 企业风险

第三个方面的风险是企业风险，这是因为现在的元宇宙发展受算力、虚拟现实等技术[46]瓶颈的限制。如果要实现一个全感官维度与高配版的元宇宙，可能还需要 10 年左右的时间。而且现阶段的元宇宙市场规模比较有限，尚未见到丰富的应用场景，这就为元宇宙的发展带来了很多的不确定性。具体而言，不确定性体现在两个方面：一是元宇宙政策方面的不确定性，二是商业模式的不确定性。

政策方面的不确定性在于，元宇宙目前仍然处于早期探索阶段，暂时还没有针对性的法律法规与行业规范的出台。因此将来随时可能出台元宇宙行业发展规范，或者看到监督政策的变化，这些都会对元宇宙整个行业的发展带来不确定的影响。

商业模式的不确定性在于，现在元宇宙企业的经营模式和落地产品仍然处于一个探索的阶段，人们没有看到一个很完善的商业模式的出现。

6.3.4 技术风险

第四个层面的风险就是技术风险，主要体现在用户的使用体验、产品迭代与内容生产方面。现有的元宇宙设备具有以下一些缺点，比如这些设备会让用户产生眩晕感，而且佩戴是比较沉重的，便携性远远弱于我们现在常用的手机等其他一些移动设备，而且需要多任务操作时，使用很不方便。产品迭代方面涉及到硬件与软件。如果亟须对硬件进行升级，比如对 XR 设备的分辨率、刷新率、控制方式、输入输出方式等多个维度进行升级，那么面临的一个矛盾就是难以快速迭代相匹配的软件。另一方面的技术风险体现在内容生产上，目前元宇宙现象级的内容还不够丰富，大多数的元宇宙应用场景聚焦于娱乐与游戏。

6.3.5 个体风险

最后一个层面的风险就是与我们每一个元宇宙用户息息相关的个体风险。个体风险主要是在极度沉迷元宇宙之后造成的、给用户带来的心理层面上的风险。元宇宙能够提供海量、实时信息和和沉浸式交互体验，类似于网络游戏，可能会使用户沉迷其中，进而可能导致人对虚拟与真实世界的定位发生错乱。这样就会导致一些危机，比如身份认同危机与人格解体的危机，还可能诞生新型的社交恐惧以及产生一些新型的社会孤独等心理问题。

元宇宙的发展肯定会像人工智能技术的发展那样经历多次波峰

波谷，因此，希望大家理性地看待元宇宙，既要看到它将为人类社会带来的各种机遇，也要知晓它背后所隐藏的各种风险。

6.4　元宇宙现有布局与未来参与机会

在本节，笔者主要介绍国内元宇宙的现有布局以及未来的发展机会。

6.4.1　元宇宙生态的层级结构

首先，我们来了解一下元宇宙产业的层级结构，天风证券[47]把元宇宙的技术按照层级结构分为如图 6-1 所示的 6 层：基础层、硬件层、软件层、内容层、应用层、经济系统。

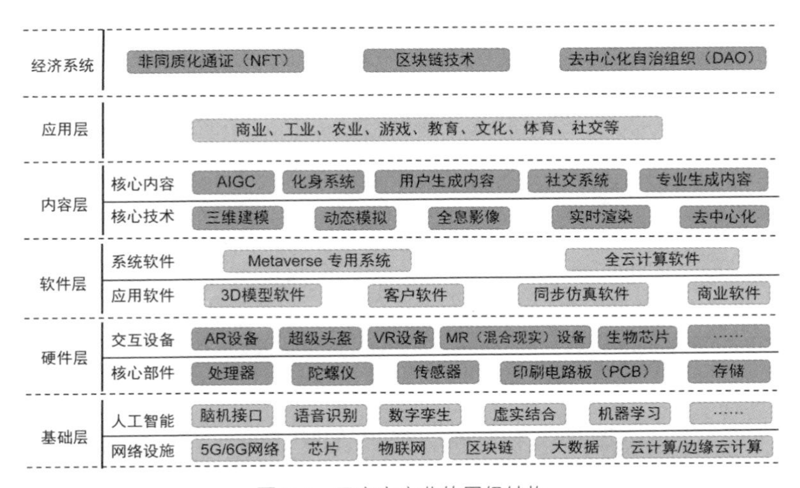

图 6-1　元宇宙产业的层级结构

基础层可以为元宇宙提供一些基础设施，比如网络基础设施、5G/6G 网络通信、云计算 / 边缘计算、区块链、大数据、物联网，还有超算中心，甚至 AI 技术等可以为元宇宙提供一些非常基础的技术。

硬件层主要涉及元宇宙人机交互设备，比如 AR/VR/MR 设备、全身体感设备，甚至生物芯片等。硬件层涉及的核心零部件包括处理器、陀螺仪、电池、电声器件、显示屏、存储设备、传感器，还有印刷电路板（printed circuit board，PCB）等。

软件层可以为元宇宙提供系统软件，比如 Metaverse 专用的操作系统。另外还有应用软件，包括 3D 建模软件、同步仿真软件、商业软件、面向客户的应用软件等。

内容层可以为元宇宙生成核心的内容。比如借助 AI 技术进行内容生成来支持“用户内容生产”（UGC），生成化身系统、社交系统及个性化内容。相应地，内容层涉及的核心技术包括三维建模、实时渲染、动态模拟、空间计算、全息影像及去中心化技术。

应用层可以支持整个社会层面的各个行业，比如工业、商业、农业。典型场景包括游戏、教育、文化、体育、社交等。

元宇宙的最顶层就是经济系统，它主要由四个基本要素组成：数字创造、“数字货币”、数字资产、数字市场。

6.4.2 元宇宙生态概览

梳理完元宇宙的产业层级结构，我们再来看一下元宇宙生态概览。现有的元宇宙的生态，包括元宇宙的进入通道、用户界面、可视化、数字孪生、人工智能技术、经济系统、数字身份、社交功能、玩转机制、广告技术以及去中心化的基础设施等。针对每个方面都有大量的企业进行了布局，或者说已经推出他们的产品。一些比较有代表性的产品，比如元宇宙的通道技术，可以为元宇宙用户提供若干进入元宇宙的途径，具有代表性的公司包括 Roblox、VRChat 等。用户界面方面比较有代表性的公司包括 Pico、Oculus、Xbox 等。社交方向比较有代表性的公司包括 Meta，还有 Line、TikTok、YouTube 等。

6.4.3 元宇宙生态的代表性事件

接下来，我们看一下国内元宇宙现有布局比较有代表性的事件（见图 6-2）。最早是 2020 年 2 月份的时候，腾讯参投了 Roblox 1.5 亿美元的 G 轮融资，并独家代理其中国区业务。接着，2021 年 1 月，网易投资 3D 社交平台 IMVU。2021 年 3 月，移动沙盒平台开发商 MetaAPP 完成了 1 亿美元的 C 轮融资，是截至 2023 年 5 月为止国内元宇宙企业最大规模单笔融资。

2021 年 4 月，字节跳动投资元宇宙概念公司代码乾坤。英伟达发布了 Omniverse 平台，不仅为开发者提供了绘制虚拟世界的软件，还提供了体验虚拟世界的基础设备，从而让该公司与元宇宙紧紧联系在一起。2021 年 6 月，无锡宝通科技股份有限公司设立国内首家元宇宙公司；2021 年 8 月，字节跳动以 90 亿元买下了 VR 创业公司 Pico，入局元宇宙。

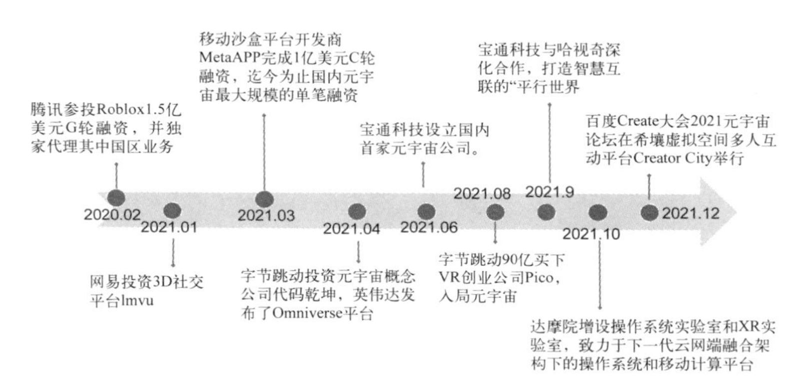

图 6-2　国内元宇宙布局代表性事件

2021 年 9 月，宝通科技与哈视奇科技深化合作，打造智慧互联的平行世界。2021 年 10 月，达摩院增设操作系统实验室和 XR 实验室，致力于下一代“云网端”融合架构之下的操作系统和移动计算平台的开发。2021 年 12 月，一个比较有代表性的事件就是百度举办的 2021 元宇宙论坛，在“希壤”虚拟空间 Create City 举行。

6.4.4　参与元宇宙生态的方式

作为普通用户，该如何参与元宇宙的发展呢？笔者认为主要有三个方面，第一是参与体验，第二是参与投资，第三是参与创作。

首先，体验是说读者作为普通的元宇宙用户，现阶段能借助于各种虚拟现实的设备，通过数字虚拟人建立对元宇宙的感性认知。

其次是投资，从投资理财的角度，读者可以在充分认识到市场风险的前提下，谨慎购买元宇宙相关概念的金融产品，也可以根据自己的兴趣爱好，在遵守法律法规的前提下，购买品类丰富的数字藏品、NFT 等虚拟资产。

最后是参与创作。将来在元宇宙中，每个人都可以进行创作与出售自己的数字作品，从而获取一定的收入。数字文化产品可能会迎来非常广阔的市场，而且未来可能会催生新的职业，比如创作虚拟造型的捏脸师、虚拟作品艺术家等。

6.4.5 参与元宇宙生态的开发

在本章的最后，我们再来看一下业界从业者应该关注的元宇宙热点有哪些。

笔者认为，从业者可以关注的点是元宇宙的基础设施，即前文提到的“BIGANT”这 6 个字符所代表的 6 项核心技术，比如区块链技术、游戏引擎、自主芯片设计、5G/6G 网络、云计算 / 边缘计算，还有 AI 赋能技术、工业物联网等技术。作为元宇宙的开发者，可以关注元宇宙的内容生态，比如 C 端应用和 B 端应用。C 端应用主要包括游戏、社交领域的应用开发，致力于打造全新的休闲娱乐模式。B 端的应用开发可以为科研、工业制造、医疗、教育等领域助力。

第四部分

去中心化自治组织（DAO）

第 7 章　什么是 DAO

第 8 章　DAO 的实践案例调研

第 9 章　DAO 的现状与未来

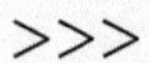

第7章　什么是DAO

导读：去中心化自治组织（DAO）依赖区块链和智能合约技术，被视为未来实行去中心化创新的一种新型自治形式。

7.1　DAO的定义与概述

去中心化自治组织（decentralized autonomous organization, DAO）最早被称为“去中心化自治公司”。这个术语在比特币问世后不久就出现了，主要用于加密通证圈非正式论坛的聊天。后来随着以太坊智能合约的出现，2016年4月诞生了第一个DAO项目——The DAO。DAO背后的技术主要包括两个部分：区块链与智能合约。前者作为去中心化的账本，是DAO的基础设施；后者可以支持开发丰富的去中心化应用。

这两项技术对DAO意味着什么呢？首先，区块链通过提供一个可审计的、去中心化的、透明的账本，用来记录DAO项目的所有重要事件，为一个DAO项目的社区提供基本的透明度和信任。其次，智能合约允许自动执行预先编写好的规则，通过代码实现对DAO项目事务的执行与治理。这两项技术共同构成了DAO的基础。DAO

的组织概览如图 7-1 所示。

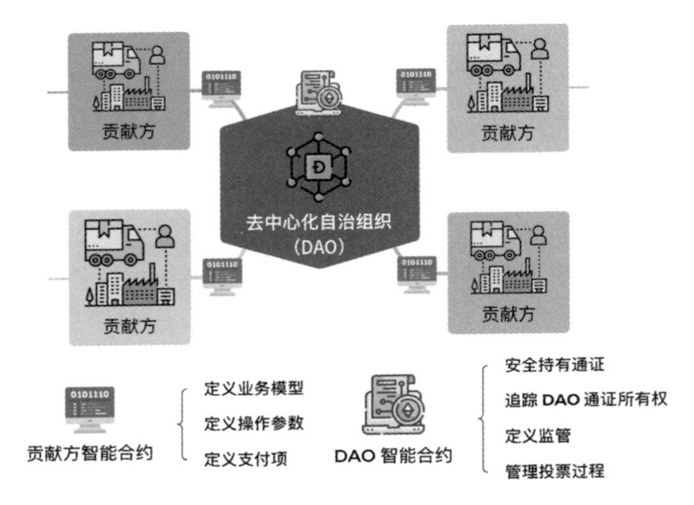

图 7-1　DAO 的组织概览

在已出现的 DAO 项目中，有些采用的还是“链下协作为主，链上治理为辅”的方式。其中，链上治理也仅仅涉及投票的过程。有些 DAO 项目很简单，甚至只使用一个简单的智能合约就能实现全部的业务逻辑。

其实 DAO 不一定需要依靠区块链技术才能建立。具有相同理念和共识的一帮人即可形成一个 DAO。而且，人们未必需要借助区块链共识协议才能形成社区的共识。比如，在互联网世界里，当人们强烈认同一个视频或者一篇文章时，即使它们不断被删除，人们仍然可以通过自发存储和不停地转载，将其尽力保留在网络上。这样的自发行为其实就是对 DAO 的思想和 Web3 文化的一种践行。进一步来讲，如果借助区块链的技术，人们产生的这些社会共识，会更加容易地被记录与分享，从而更好地践行 DAO 与 Web3 的理念。

虽然互联网人是极具创新精神的一个群体，但是能突破旧思维去拥抱新的变化，去参与新赛道，仍然是反人性的行为，这种行为是面对着很多挑战的。不管如何，这个世界唯一不变的真理就是这个世界在一直变化着。任何人都阻挡不了新趋势的发展，总有一个时刻我们会意识到：如果不去主动拥抱变化，就会被新技术的趋势所碾压。

7.2 DAO 的技术架构

如图 7-2 所示，DAO 的底层架构包括三层。底层是区块链，中间层是 DAO 协议栈，上层是 DAO 项目应用。每一层都会向上起到支撑作用。比如，区块链可以为技术栈协议层提供分布式账本数据库的功能，技术栈协议可以为应用层提供前端访问的应用程序接口（API）以及其他中间层的缓存功能，应用层可以支持开发者根据应用的业务逻辑编写代码。

关于 DAO 的技术架构早期理论探索，比较有代表性的国内研究是 2019 年中科院袁勇老师团队发表的题为“去中心化自治组织：概念、模型和应用”（Decentralized Autonomous Organizations: Concept, Model, and Applications）[48] 的论文。该论文发表在期刊 *IEEE Transactions on Computational Social Systems* 上，主要介绍了 DAO 的

概念、特点、研究框架、典型的实现方法、挑战和未来的趋势。特别地，作者在文中提出了一个五层架构的 DAO 参考模型（如图 7-3 所示），分别包括“基础技术层”“治理运作层”“激励机制层”“组织形式层”和“展示层”。

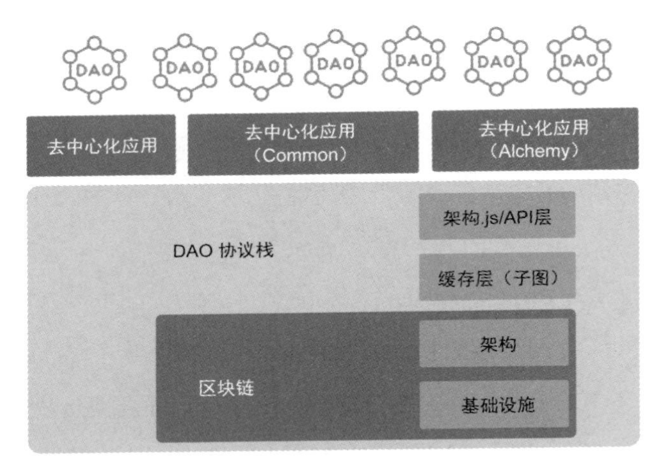

图 7-2 DAO 的三层技术架构

展示层	“数字货币”	系统/组织	智能机器人	分布式去中心化	分布式多中心
组织形式层	多中心立体网络	少数基础团队+大规模社区自治			
激励机制层	通证激励	通证发行/流通	通证锁定/流通	通证价值管理	信誉系统
治理运作层	共识机制	智能合约	数字化	智能匹配	链上/链下协作
基础技术层	网络协议	区块链	大数据	人工智能	

图 7-3 DAO 的五层架构参考模型[50]

其中一些亮点总结如下。

第五层架构的“基础技术层”的亮点首先在于其融合了人工智能、物联网及区块链技术。人工智能技术可以赋能 DAO 中的每个独立节点，使之成为一个自主“代理”（也称“软件代理”或者“代理机器人”）。这些代理具有一定的自主性，因为它们有“目标导向行为”的能力。未来，预计它们将取代人类参与 DAO 组织时的感知、推理、决策和其他功能。其次，智能合约的自动执行能力可以赋予 DAO 更多智能。比如，区块链可以与物联网结合，形成“区块链物联网”（Blockchain IoT, BoT）。区块链物联网可以将智能设备和某些实物资产进行数字化改造，形成数字资产，然后整合到 DAO 中。BoT 作为一个可靠的物联网服务平台，DAO 将以安全可信的方式监控智能设备的整个生命周期，实现设备间的自动交易，并利用智能合约实现智能设备间的互操作性。

“治理运作层”利用 AI 技术可以完成从角色到任务的自动匹配。AI 算法根据参与 DAO 的个人贡献和能力，匹配个人在 DAO 中的位置和角色，然后自动完成任务识别、推荐和匹配。通过这样的方式，人力和知识资源就可以高效流通起来。

而“激励机制层”中的荣誉评价体系可以对每一个参与 DAO 的个人的工作过程和交付结果进行多维度的评价。评价结果代表个人在 DAO 中的荣誉体系中的级别，不同的级别将享有不同的权益。

第 8 章　DAO 的实践案例调研

前文中我们提到了历史上第一个 DAO 项目，即 The DAO。这里笔者简单介绍一下 The DAO 项目，它是第一个在以太坊中发起的去中心化的众筹项目。但是仅仅 2 个月后，它就遭到黑客攻击，大量众筹来的以太币被黑客盗取。此次攻击事件对 DAO 社区造成了很大的负面影响。这次事件还导致了以太坊的硬分叉与社区分裂（此次事件的来龙去脉请扫图 8-1 中的二维码收听）。

图 8-1　The DAO 攻击事件详解

尽管 DAO 的早期发展遭遇类似黑客攻击这种阻碍，但是 DAO 的爱好者们依然进行着持续的创新与尝试。本章为大家介绍国内外一些具有代表性的 DAO 案例与项目。

8.1 DAO 的案例：SeeDAO

首先，我们来看一个较为成熟的 DAO 社区，叫作 SeeDAO [51]。它其实是一个 DAO 的孵化器，使命是“探索基于 Web3 的内容生产关系”（见图 8-2），或者说是“帮助 Web2 的打工人变成 Web3 时代的创造者”；理念是“DAO it, Do it”（以 DAO 的方式去做）和“Co-build, Co-share”（共建共享）。

图 8-2 SeeDAO 的使命：探索基于 Web3 的内容生产关系

SeeDAO 社区采取链上链下兼存的治理方式。社区中持有 NFT 的参与者可以参与 DAO 社区重要事务的投票。除此之外，其内部还有个协调 SeeDAO 事务的更高级别的“协调委员会”。在笔者看来，SeeDAO 社区最大的价值是支持以 DAO 的方式帮助孵化各种 Web3 的创新项目。正如他们官网首页提到的“MetaShanghai”是 SeeDAO 孵化的第一个 DAO 项目。关于 SeeDAO 更多的成功案例，欢迎大家自行了解。

SeeDAO 对它能提供的功能的解释如图 8-3 所示。通过这张图，我们可以清楚地了解到在 SeeDAO 中可以做什么以及可以获得的帮助与成长机会。

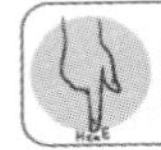

图 8-3 SeeDAO 招募社区成员的口号[49]

SeeDAO 的治理方式。SeeDAO 成员可以加入任意一个内部组织的兴趣小组。每一个内部兴趣小组叫作“公会”，它是 SeeDAO 的核心组织之一。社区成员可以加入任意一个 SeeDAO 的公会，通过发起一个新的提案或者对某一个现存提案进行投票来参与社区治理。内部每个社区成员的活动与贡献都公开地记录在 Notion① 上。

SeeDAO 的公会包括翻译公会、治理公会、宣传公会、产品公会、开发者公会、投研公会、设计公会、艺术公会、建筑公会以及

① Notion 是一款 App，可用来记录笔记、规划任务、管理团队的文档，方便与其他团队进行协作。

SeeDAO NFT 俱乐部，总共十大公会。公会是 SeeDAO 的核心组织之一。

SeeDAO 的治理方式是“社区共建”，即社区成员共同参与治理。可见，在所有参与人员分工协作的背景之下，SeeDAO 本质上其实是一个 DAO 项目的孵化器，这也是它的价值所在。也正是因为它的巨大社会价值，SeeDAO 获得了资本的青睐，如它于 2022 年 1 月底宣布以 3000 万美元估值完成 A 轮融资。随后，SeeDAO 推出 DAO 孵化器技术平台“C-Combinator”和配套的系列黑客松活动，致力于将 SeeDAO 打造成为华语世界最具影响力的 DAO 项目孵化器。

8.2 DAO 的案例：Gitcoin DAO

DAO 的扁平化组织结构很容易让人联想到它很适合用来对开源软件行业进行组织与管理，而 Gitcoin [50] 就是这样一个可提供开源软件服务平台功能的 DAO 项目。

8.2.1 Gitcoin 简介

Gitcoin 的口号是：“Gitcoin 是一个基于赏金的协作工具，它可以为 GitHub 用户带来便利。”在 Gitcoin，参与者可以招募开发者、发布赏金任务、发起项目提案，还可以进行项目融资。Gitcoin 还得到过众多风险投资机构与基金会的资金扶持，投资方包括 Chainlink

和以太坊基金会、Three Arrows、Defiance、Balancer Labs 等。

加入 Gitcoin 时，参与者需要选择一个角色。可选择的角色总体包括两大类：项目发起者（funder）与项目贡献者（contributor）。

首先，如图 8-4 所示，作为项目发起者，参与者可以发布一个特定的赏金任务来招募项目贡献者。同时，参与者也可以选择跟其他社区成员一起参与生态共建。

图 8-4 项目发起者可参与的事项

如图 8-5 所示，作为项目贡献者，人们最关心的问题是如何在这个平台上赚取收益。Gitcoin DAO 内的收益按照角色来分配。项目贡献者主要可以分为两类。一类叫作 part-time contributor，即兼职贡献者，这类参与者通过利用业余时间完成社区的悬赏任务来获得奖励；另一类为 full-time contributor，即全职工作者，这一类参与者需要通过一个类似面试的考核。更加细分的角色包括以下几种：DAO citizen（DAO 居民）、黑客松的参与者、项目资金的投融资者，还有 local（使用非英语的参与者）。

图 8-5　项目贡献者可参与的事项

8.2.2　Gitcoin DAO 的组织架构

Gitcoin DAO 主要由几个社区组成，包括“Leaderboard 排行榜”“Townsquare 社区”“Discord 上的讨论社区”，还有“治理论坛”（Governance Forum）。

“Leaderboard 排行榜”每周都会动态更新，它展示了参与社区开发的活跃的参与者。它支持以下四个维度的排名查询。

1. Top Earners 维度，即按照开发者提交的开发任务的次数与赚取的佣金额度进行排名。
2. Top Funders 维度，即按照融资额度对投资者与投资机构进行排名。
3. Top Organizations 维度，即按照交易次数与数额对机构平台（比如交易所）进行的排名。
4. Top Tokens 维度，即按照发生交易的数目与数额对各种“数字货币”进行的排名。

“Townsquare 社区”是 Gitcoin 成员的社交“广场”，任何参与者都可以在这里自由发布一些消息，例如有悬赏的项目开发任务。

在“治理论坛”，任何参与者都可以参与决定着 Gitcoin DAO 社区未来发展走向的治理活动。

8.3 DAO 的案例：CultDAO

不难发现，我们以上所介绍的 SeeDAO 以及 Gitcoin DAO 的社区协作需要依靠组织成员之间的密切沟通来完成组织内以及组织间的分工协作。接下来本节介绍另一个名为 CultDAO 的项目。不同于之前介绍过的项目的是，此项目主要依靠智能合约来保障组织的运转。

CultDAO 是一个去中心化的风投组织。它通过众筹的方式来投资某个孵化的 DAO 项目，并通过获得项目的盈利使投资人受益。这里读者可能会有疑问，CultDAO 孵化的 DAO 项目的投资资金从何而来？其实 CultDAO 的投资资金来源于 CULT 通证（CultDAO 的原生通证）的交易费。具体而言，CultDAO 对所有使用 CULT 通证的交易收取 0.4% 的费用，所有的费用以 CULT 通证计价并存储在“国库”中。

CultDAO 通过这种“收税”的形式解决了投资资金来源的问题。

那么读者可能又会有疑问，投资的项目如何选取？投资规则是什么样的？

我们使用图 8-6 展示的 CultDAO 通证经济学模型来解释以上问题。首先，CULT 通证的持有人可以将 CULT 质押换取等额的

dCULT 通证（CultDAO 的治理通证），dCULT 通证同样可以等额换为 CULT 通证。持有 dCULT 通证数量排名前五十的用户拥有对某项投资项目的提案权，但是他们没有投票权。其余 dCULT 持有者拥有对提案项目的投票权。如果在规定期限内对于提案项目的赞成票超过 50%，CultDAO 的智能合约会从“国库”中取出价值 13ETH 的 CULT 通证卖出并兑换成以太币，然后拨款给被投资项目。与此同时会从“国库”中永久销毁价值 2.5 以太币的 CULT 通证。被投资的项目会将他们收入的通证卖出并兑换成 CULT 通证，其中 50% 永久销毁（目的是保持 CULT 通证的通胀率在可控范围），另外 50% 回馈给 dCULT 通证持有人，作为对 CultDAO 社区的回馈。

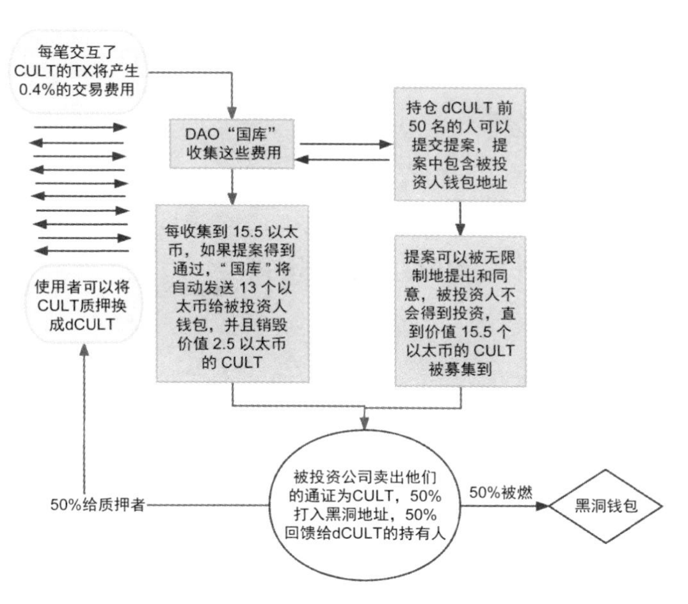

图 8-6　CultDAO 通证经济学模型[51]

以上整个投资流程都由智能合约来完成，不以任何人的意志为转移，甚至不会用到任何第三方平台。这也是 CultDAO 与一般 DAO 项目孵化平台的最大不同之处。截至本书定稿，DAO 赛道大多数社区自治化过程主要依靠人和组织的力量来运转，而且需要借助各种第三方工具来建立、完善自己的治理框架、激励机制、项目孵化流程以及 DAO 社区的共识文化。

DAO 社区持有权益的成员相当于股东的角色，可以参与项目的发展建设，并享受项目成长带来的收益。但是，值得我们思考的是，这种通过社区治理通证获取社区治理的权益以及根据社区成员的质押锁仓份额获得治理投票权重的方式真的公平吗？事实上，这种看似公平的制度通常会带来各种不公平的现象。主要原因是，经济上的优势方实际上会获得社区治理的绝对主导权。这时，DAO 社区的自治理念反而成为被资本控制的天然土壤[52]。

8.4　3 个国外的 DAO 项目孵化平台

国外方面，近几年陆续问世了一些商业 DAO 平台，如 Aragon[53]，Colony[54]，与 DAOStack[55]。在本节，笔者将分别针对这 3 个平台展开介绍，加深读者对 DAO 的理解。

首先，Aragon[53] 是位于瑞士的一家公司推出的支持 DAO 项目开发的平台。该平台允许一个 DAO 项目的参与者在没有任何第三方组织管理者的情况下进行协作。如图 8-7 所示，Aragon 的口号是“在一个安装有管理插件的开源基础设施上构建你自己的 DAO 项目”。它还声称可以向新手提供足够简单的、向老手提供足够强大的开发工具包。

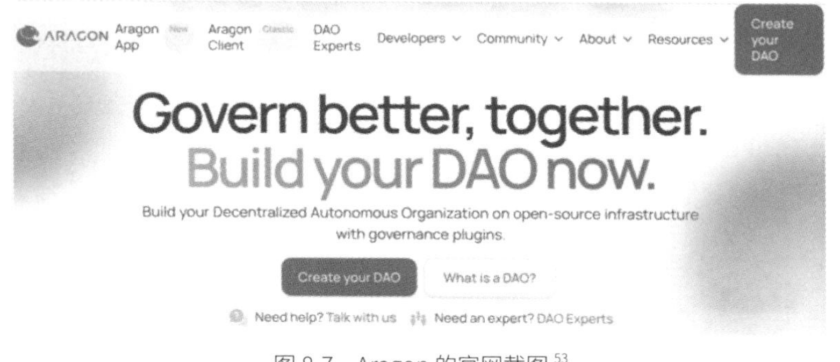

图 8-7　Aragon 的官网截图[53]

其次，Colony[54] 本身就是一个 DAO，它的定位是方便其他人创建他们自己的 DAO 项目。它的口号是“帮助全世界的人们以线上的方式一起创建他们的组织”。在 Colony 平台上，当创建一个 DAO 项目时，开发者很容易通过调用以太坊的 ERC-20 通证标准来创建一种可以在 DAO 项目中使用的新型通证。有趣的是，Colony 平台不鼓励在 DAO 项目中进行投票，他们认为大多数投票是在浪费时间，没有必要为所有的提议发起投票，仅仅在真正发生了分歧的时候，才需要投票。Colony 认为减少投票可以促使项目参与者集中精力在他们正在做的事情本身。

最后，DAOstack[55] 是一个开源的、模块化的 DAO 项目孵化平台，它可以方便用户快速创建 DAO 项目。这是因为它提供了一系列的支持去中心化的管理协议与友好的 API 接口，方便开发户快速构建一个 DAO 项目与配套的管理工具。

顺便，值得一提的是，很多 DAO 项目广泛使用 Snapshot 用于 DAO 项目的提案与对某个提案的投票。Snapshot 是去中心化交易协议 Balancer 团队推出的完全开源的链下治理投票平台，试图解决以太坊链上交易手续费高的问题。

笔者再稍微展开一下 Snapshot 平台出现的背景[56]。那就要从基于以太坊实现的 DAO 项目的投票问题说起。我们知道，DAO 项目一个重要的功能就是允许参与者提出一个提案，其他社区参与者可以对该提案进行投票，来决定该提案是否可以通过。但是投票的一个大问题是需要在链上操作，尤其是大多数 DAO 项目的底层是以太坊。那么，投票的行为相当于在以太坊上进行操作，那就需要消耗 gas。那些没有激励作为驱动的投票行为会让社区用户没有投票的动力，因为大多数人不会为了投一张票而花费数十甚至数百美元。尤其是，gas 的价格是动态变化的。比如，在 Uniswap（部署在以太坊上的著名交易所的智能合约）推出治理通证 UNI 的当天，gas 的价格一度突破其历史价格最低时的几百倍。由此可见，对于早期的 DAO 项目来说，高成本投票是一个比较大的麻烦。因此，为了促进 DAO 项目治理的活跃度，鼓励更多用户参与社区治理，去中心化交易协议 Balancer 团队开发了名为 Snapshot 的平台。

如图 8-8 与图 8-9 所示，调用了 Snapshot 的 Dapp 允许社区用户将他们的数字钱包绑定到 Snapshot，然后使用钱包内的通证提供一个快照，用于对某个 DAO 项目提案的投票。因此，投票的用户使用 Snapshot 投票时，无须真正地在链上操作，因此也就不用花费交易手续费了。

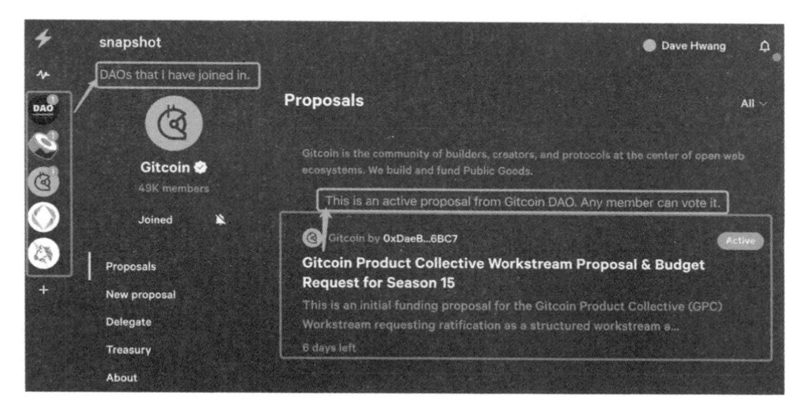

图 8-8　Snapshot 工作主页 [57]。在这里我们可以看到来自 Gitcoin DAO 的一个最新的提案正在召集社区成员投票

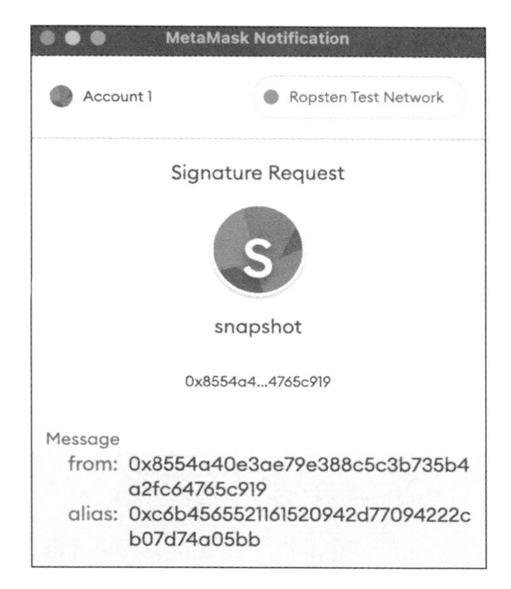

图 8-9　连接 Snapshot 账号到 Metamask 钱包 [5] 后，即可使用 Metamask 发起投票

此外，Snapshot 奉行“永不发币”的理念，通过“链下免 gas 治理聚合器”的策略来解决上面提到的高成本投票问题。

因此，很多 DeFi 项目直接把 Snapshot 的整套解决方案作为插件集成到了他们项目中。Snapshot 也因此获得了广泛的支持与快速的成长。截至本书定稿，大多数基于以太坊区块链的 DeFi 项目与 DAO 项目都会采用 Snapshot 来支持用户的投票。这个案例也展示了开源项目的魅力。

第9章　DAO 的现状与未来

本章梳理 DAO 在早期发展过程中遇到的重要课题，并对 DAO 将来的发展进行思考与探讨。

9.1　DAO 亟须解决的问题有哪些

DAO 亟须解决如下两个问题：DAO 的激励机制设计和 DAO 的去中心化治理。

9.1.1　DAO 的激励机制设计

DAO 的激励方案是一个 DAO 项目至关重要的组成部分。从上述几个成功的 DAO 案例中，我们可以看到它们明确的激励方案。其中，“通证激励”是 DAO 的主要激励手段。通过本书前面相关章节的学习，我们已经知道通证是一种可流通的数字资产，是去中心化应用的权益证明。现实世界中的股票、债券和期权都可以进行数字化而成为数字资产。

DAO 的发起人、开发者和其他利益相关者分享系统的产权。对于 DAO 的其他参与者来讲，主要的经济激励是通证。通证创造的新经济模式被称为通证经济（token economy），特指利用加密数字资产的金融属性，将商品和服务使用通证来衡量其价值。常见的通证类型包括支付通证、功能通证、资产通证等。

每个 DAO 可以发行自己的通证，并根据项目属性设置通证系统的发行模式、流通量、质押锁定期等要素。设计一个 DAO 项目的通证模型的关键是激励机制的设计，其目的是促进参与者的积极参与并做出贡献，实现与 DAO 项目的双赢。一个好的通证模式，一方面可以将货币资本、人力资本和其他资本整合在一起，重塑人与组织的关系，降低 DAO 的运营成本；另一方面，也可以满足项目发起初期的资金需求。DAO 典型的激励方案主要包括以下几种[58]：

- **回溯性激励提案**。该方案的贡献者在做出贡献后自主提交奖励申请。奖励金额由贡献者自己提出，同时需要列出他们为 DAO 所创造价值的证据。
- **流支付**。该方案依托软件实现自动化的激励模式。激励奖励像工资一样周期性支付给贡献者。（例如，Superfluid 就是一种流支付工资软件。）
- **集体评议奖励**。顾名思义，该方案根据其他人对某成员贡献的评价来决定向贡献者发放多少激励金。
- **赏金制**。该方案会明确所发布任务的奖励，完成任务即可获得相应的奖励。

9.1.2 DAO 的去中心化治理

虽然 DAO 的管理方式是开放的、无许可的，但 DAO 依然需要解决“可以信任谁”“可以与谁合作”“奖励应该给谁”的问题。如果采取传统的类似公司面试招聘的方式，这将与 DAO 的“成员共治”的精神相违背。所以我们需要一个“链上声誉系统”来判断谁是可信的、可靠的。

当开发人员开始构建 DAO 的社交相关的产品时，他们需要对产品的“声誉 / 信用 / 贡献”进行衡量与设计。这时，开发人员自然需要解决如下问题：如何定义好的声誉与糟糕的声誉？好的声誉将获得什么样的权益激励以及治理权力？声誉等级是否代表着治理权力的等级？由声誉获得的权益等级，又该如何保持参与者的经济收益与治理权力的平衡？声誉权益杂糅了经济收益与治理权力，这是否会造成一种数字化的腐败？一个声誉系统的监督机制又该如何评估 DAO 治理参与者的道德贡献[52]？如果一个 DAO 缺失了身份认证的功能，在任务悬赏方面可能出现“自问自答”式的类似“女巫攻击”①的问题。

可见，实现 DAO 的去中心化的治理，并非一件容易的事情，甚至，如果 DAO 的某个环节存在漏洞，DAO 还可能遭受严重的攻击。比如，DAO 项目中，智能合约扮演着举足轻重的角色。智能合约的

---

① 女巫攻击问题（Sybil Attack）是指在计算机网络中，攻击者通过伪造多个虚假身份，来欺骗其他用户或系统，从而达到控制网络的目的。这些虚假身份通常被称为“Sybil 节点”，攻击者可以利用这些节点来发动各种攻击，如拒绝服务攻击、信息篡改等。女巫攻击问题是一种常见的网络安全威胁，需要采取相应的防范措施来保护网络的安全。

安全问题是不可被忽视的。这里，笔者分享一个智能合约漏洞引发的著名的 The DAO 黑客攻击事件。2016 年 6 月 17 日，以太坊创始人维塔利克·布特林（Vitalik Buterin）心急如焚，急匆匆地在 Reddit 上发了一篇帖子，上面写道："DAO 遭到攻击，请求交易平台暂停 ETH/DAO 的交易、充值以及提现，等待进一步的通知。最新的情况会尽快更新。"[59] 这是因为，黑客利用了 The DAO（以太坊平台上第一个 DAO 项目）代码里的一个递归漏洞，不停地从 The DAO 资金池里分离资产。随后，黑客继续利用 The DAO 的第二个漏洞，避免分离后的资产被销毁。黑客利用这两个漏洞，进行了两百多次攻击，总共盗走了 360 万的以太币，数目超过了该项目筹集的以太币总数目的三分之一。

受 The DAO 黑客攻击事件的影响，以太币价格第二天暴跌约 30%。为解决这次危机，有人提议进行硬分叉，但这涉及重大的技术问题与价值观的问题，因为硬分叉相当于在以太坊的区块链上修改规则，从而违背了"区块链上的数据不可篡改"的理念。

经过激烈的讨论，布特林不得不支持硬分叉。最后，多数人同意了进行硬分叉。2016 年 7 月 20 日晚，以太坊硬分叉之后，形成了两条链：一条为原链（称为"以太坊经典"，简写为 ETC），另一条为新的分叉链（称为"以太坊"，简写为 ETH）。这两条链各自代表不同社区的共识以及价值观。"以太坊经典"一方认为，区块链的精神就是不可被篡改。已经发生的攻击事件木已成舟，已经生成的历史账本就不应该去修改，这是原则问题。"以太坊"一方则认为，这是黑客发起的盗窃事件，是违法的行为，必须予以回应与回击。

Slock.it 的联合创始人兼首席技术官克里斯托弗·延奇（Christoph Jentzsch），曾撰文回忆了 The DAO 黑客攻击事件。在文末，他总结了从此次事件中学到的教训[60]：

- 智能合约的安全问题还需要通过实践来改进。这个领域还处于早期阶段，DAO 的发展得一步一步来完善；
- 对于未知事物要时刻保持警惕。现在已经有不少安全方面的工具可用。他们团队也知道存在很多攻击手段，问题就在于，编写 The DAO 代码的时候没人意识到这点；
- 以太坊的工具还不成熟。形式化验证工具在当时还没有被开发出来。The DAO 黑客攻击事件促进了这些安全工具的开发；
- 去中心化系统的治理和投票机制需要改进。提交意见来指导去中心化治理的软件工具当时还没有被开发出来。当时的一些中心化的论坛，比如 Reddit，并不适合去中心化系统的治理；
- 应该逐步发布产品。在发布 The DAO 的时候应该更谨慎一些，逐步地推出不同版本会是更好的选择。类似的项目在早期推出时应该保留部分的中心化，然后逐步去中心化；
- 复杂性应该最小化。虽然 The DAO 的代码只有 663 行，但是，根据统计经验得知，每 1000 行代码就会有 15~50 个软件缺陷。所以，任何 DAO 项目的智能合约代码都要尽可能简单。

为了支撑 DAO 的去中心化治理，DAO 渴望“代码是法律”（Code is law）的理念通过智能合约来践行，但实际上这很难实施，因为法律规则和智能合约之间存在较大的语义差距。此外，DAO 还涉及很多复杂的法律责任和管辖权的问题，比如如何将 DAO 视为一个法律实体。这些问题将启发 DAO 的实践者与研究者持续思考。

9.2 对 DAO 的更多思考

9.2.1 DAO 可以为这个世界带来什么

DAO 是人类组织架构的又一次升级。DAO 可以让人们不再仅为一家公司服务，人们可以根据自身的情况加入多个 DAO 组织成为其中的一员，在其中学习、交流和做出贡献。如以太坊创始人布特林在他们最近的一篇文章《去中心化社会：寻找 Web3 的灵魂》（Decentralized Society: Finding Web3's Soul）[61] 中讲道：“DAO 是一种新型的社会形态——由个人和社区共同组成，它们相互支撑、影响着彼此的未来。”

笔者最欣赏 DAO 的一点就是大多数 DAO 提供了灵活的“按工作付费”的模式，并且是以原生通证的形式支付报酬。因此，参与者既获得了灵活性，又直接成为 DAO 组织的“股东”。这使得他们在某个 DAO 项目的发展中能获得进一步的项目成长收益。如果将来随着时间的推移，DAO 变得更加成熟，更多的人就可以通过 DAO 的形式来分工协作，那时的社会运行效率将会更上一个台阶。

与此同时，人们不可忽略 DAO 的一些潜在缺点，例如去中心化可能是另一种形式的集权。即使没有了中心化管理，权力也会以知识型的方式渗透到社区治理的各个环节中，这时掌握技术垄断优势的加密精英将成为新的统治者，并且统治者会变得更加隐匿而难以被察觉。总之，寻求公平、高效的治理体系是社会千百年来的难题。DAO 的发展成熟不可能一蹴而就，而且它也很难成为解决所有社会治理问题的最终方案。仅仅能让 DAO 成为现代社会治理体系的一部分便是社会进步的一种表现。

9.2.2　尚存在的问题与可能的解决方案

DAO 可以改变社会的运作方式。DAO 可以允许人们选择自己的工作方式，选择与自己价值观、目标、愿景相同的社区，并与之建立联系。在 DAO 的帮助之下，人们可以将工作圈子缩小为有激励措施支撑的社区小单元。与此同时，DAO 也只是一种工具，一种以“信任最小化方式”设计的新型社会结构。但是，大家需要注意的是，DAO 不会是解决所有社会治理问题的终极完美方案。笔者认为，较为理想的 DAO 应该实现以下几个方面：

- DAO 的智能合约需要完全开源。开源才可以有公信力，才可以依靠社区的力量进行完善，避免可能存在的代码漏洞；
- 需要量化参与者的贡献，用算法规范奖惩；
- 需要具备可信、公平的流程，对所有成员一视同仁；
- 不评判任何社区行为，对它们保持中立态度，让参与者决定利弊与社区的走向；
- 社区管理应当尽量自动化、代码化、协议化。

在追求一个理想的 DAO 的途中，社区开发者与 DAO 的参与者不可避免地会遇到很多尚未被解决的问题。本节将聚焦于社区治理过程中可能存在的问题，管中窥豹。

在针对一个 DAO 提案的投票过程中，人们希望一个实体身份仅有一张投票权。但是如果某个实体持有多张权益通证并且将其分散至多个钱包，这将导致“女巫攻击”的发生。针对以上问题，一个潜在的解决方案是将人们的社会身份与链上身份建立映射关系。布特林在《去中心化社会：寻找 Web3 的灵魂》[61] 一文中提出的不可转移的灵魂绑定通证（soulbound tokens, SBTs），或许是解决该问题的一个候选方案。

SBTs 强调人的社会身份的“公开可见”与“不可转让”的特性，但社会身份可以被发行者撤销。SBTs 可以代表人们的教育证书、就业历史，或他们生产的作品、艺术作品的唯一索引。这些 SBTs 可以被“自我认证”，类似于人们在简历中分享关于自己的信息。但是，当一个灵魂（文中将人们的账户形象地称为“灵魂”）所持有的 SBTs 可以被其他独立的灵魂发行或证明时，这种机制的真正力量就出现了。这些对手灵魂可以是个人、公司或机构。例如，以太坊基金会可以作为一个灵魂向参加以太坊开发者大会的其他灵魂（通常是技术人员或者以太坊爱好者）发行 SBTs。一所大学也可以是一个释放 SBTs 的灵魂。体育场也可以是向洛杉矶道奇队的长期球迷发放 SBTs 的灵魂。

那么，在这种灵魂绑定通证的语境之下，DAO 可以通过以下几种方式减轻潜在的“女巫攻击”。例如：

- 计算 SBTs 的归属，用来区分独特灵魂和机器人，并拒绝将任何投票权给可能参与“女巫攻击”的灵魂；
- 向拥有更高声望的 SBTs（如工作或教育证书、执照）的灵魂授予更多的投票权；
- 发布专门的“人格证明”SBTs。这可以帮助其他 DAO 抵抗女巫攻击；
- 对特定的灵魂，检查他们持有的 SBTs 之间的相关性，并对持有高度相关的 SBT 的选民赋予较低的投票权重。

关于 SBTs 更多的用途，感兴趣的读者可以前往参考文献 [61] 浏览原文。

尽管 DAO 渴望通过智能合约来实现自动化的社区治理，但实际上很难实施。主要原因是法律规则（也称为湿代码）与智能合约（也称为干燥代码）编写的规则之间存在巨大的语义差距。为了获得更高的多功能性，法律法规通常使用模糊的、包容的、灵活的自然语言进行高度的抽象。而智能合约作为一种语义明确的代码，必须使用严格和正式的计算机语言准确描述规则。所以，在将法律法规翻译成智能合约的过程中，不可避免地会引入错误和造成模糊。而且，很 多现实场景很难，甚至不可能被翻译成代码，这在一定程度上限制了 DAO 的实用性和可用性[48]。

通常来讲，治理决策是一件复杂的事情。对 DAO 提案做出明智的决策通常需要具备某些领域的专业知识，需要资深成员对 DAO 的提案进行分析。而 DAO 组织提倡人人参与社区治理，大多数普通成员可能无法正确权衡决策的风险与收益。针对这种情况，DAO 需要平衡“专业化治理”与“去中心化治理”两者之间的权重，在给予专业成员更多授权的同时，保证不淹没其他成员的建议。

9.2.3 DAO 将来可能的发展趋势

笔者相信在未来会有很多关于 DAO 的中间层工具出现。这些工具可以用来促进 DAO 内部的部门创建，以及部门之间的分工协作。我们可以看到现有较为成熟的 DAO，如 SeeDAO，需要在多种软件工具的协同使用下才能使 DAO 稳定运行。这是因为运营一个 DAO 较为复杂。如果有能将组织创建、任务认领和分配、组织权限管理、资产管理及社区投票等功能一体化的服务性组件出现，将大大降低 DAO 项目的创建门槛以及运营的成本。事实上，对于其他的 Web3 的 Dapp 来说，也存在进入门槛高的问题，比如创建钱包与转账这些功能对于普通用户来说，操作相对复杂。将来很可能会开发出能够让用户利用中心化的身份凭证来一键创建钱包，并且帮助用户安全托管密钥的应用。这将让去中心化应用如同手机上 Web2 形式的购物 App 一样简单易用。

可以预见的是，未来 DAO 开发社区一定会将人工智能、大数据等技术融入到 DAO 中。这些技术也将会为 DAO 的发展成熟进行赋能。比如，本章曾讨论过的智能合约的漏洞检测，以及五层架构的 DAO 的构建模型。这些前沿技术的运用将会使 DAO 更加智能与完善。

第五部分

Web3 与区块链的生态

第 10 章　Web3 如何统领全局

第 11 章　对区块链生态的探讨

第 12 章　未来的展望

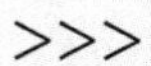

第10章　Web3如何统领全局

Web3 被以太坊的联合创始人加文·伍德定义为一种区块链技术，可以基于“无须信任的交互系统”在各方之间实现创新的交互模式。在笔者看来，可以将 Web3 描述为基于区块链技术的、将传统 Web2 世界的应用改造为去中心化应用的过程中使用的一系列互联网技术的合集。在这个合集中，有新的技术、新的范式，而且会诞生新的组织形式（DAO）以及新的价值观与世界观。因此，笔者认为，Web3 将统领下一代互联网的全局。

在笔者看来，本章的内容是本书最大的特色。原因是笔者从专业研究者与技术开发者的视角，解读了 Web3 的生态，探讨了若干有趣的话题，而且不少话题源自学生、业界从业者、专业投资人、证券交易操作员的真实问题。笔者把这些问题进一步整理后，总结成这些内容，以飨读者。

10.1　Web3、区块链与元宇宙哪个范畴最大

这个问题来自笔者的一个金融从业的朋友。这个问题无论是从问题本身还是从问题提出者的社会角色来看，无疑都是很有代表性的，因此笔者将对这个问题的看法整理为本节内容。

10.1.1 概括地理解三个概念之间的关系

其实这个问题包含了三个独立的概念，即 Web3、区块链，以及元宇宙。我们先从“相互无关”的角度简单地探讨一下它们之间的关系，具体可总结为如下三条：

1. Web3 可以不使用区块链，也可以不涉及元宇宙；
2. 区块链可以不涉及 Web3，也可以不涉及元宇宙，比如比特币刚刚诞生时就跟这两者都没有直接关系；
3. 元宇宙可以不使用区块链，也可以不涉及 Web3。

当然，对于上述这些相互无关的模式，笔者只是说存在这样的例子，不是说这三个概念就是相互完全无关的。具体原因我们稍微展开讨论一下。

首先，笔者认为元宇宙的叙事最宏大。而且，从消费者的角度来说，普通用户对元宇宙的感受也最为直接。毕竟人是视觉动物，而元宇宙呈现给用户的视觉效果特别新奇，而且这种在虚拟世界中的体验是与现实世界截然不同的。

其次，从产业的角度来说，区块链的影响最深远。这是因为区块链影响的是其他两者的底层经济基础设施，创造了新的经济模式。所以，我们说区块链的影响最深远，但是消费者对区块链技术的感知，其实不会那么强烈。

然后，普通用户可能在不久的将来最先能看到 Web3 影响广泛的产品。Web3 的最大价值是通过采用新型数字经济模式提出的全新解决方案来解决现有商业模式的核心矛盾。实际上 Web3 的基本诉求是：在商业上做到“去寡头化”。在模式上，Web3 尊重个人用户的自主选择。现在传统寡头化的商业模式与“去中心化金融”模式之间的矛盾已经很明显了，老百姓其实都能看明白。另一方面，从技术的角度来看，市面上也已经问世了很多 Web3 模式的解决方案。因此，笔者认为，Web3 是普通用户看得见的未来。

10.1.2 进一步探讨三个概念之间的关联

接下来，笔者进一步系统地探讨一下这三个概念之间的关系。

如图 10-1 所示，我们从 4 个角度来剖析：从发展历程的角度、从产业分类的角度、从生态体系的角度，以及从技术体系的角度。

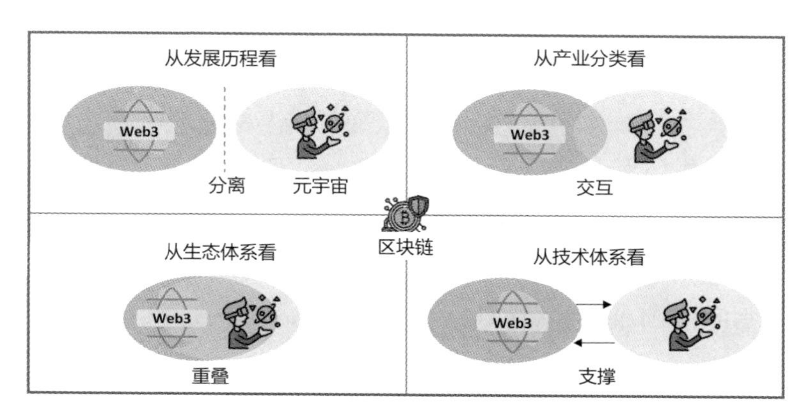

图 10-1 Web3、区块链以及元宇宙相互之间的关系

首先，无论从哪一个角度来看，区块链无疑都是其他两者底层共同的基础设施，本章后续章节有详细的阐述。所以，我们主要来探讨 Web3 与元宇宙之间的关系。

从发展历程上看，Web3 与元宇宙沿着各自的逻辑发展，二者在发展早期并无任何关联。具体来说，Web3 的名词在 2000 年左右第一次被蒂姆·伯纳斯–李提出。之后，2006 年 Web3 的概念被泽尔德曼在一篇抨击 Web2 的博客中提出。后来，跟区块链相关的 Web3 的定义被伍德在 2014 年提出并阐释。反观元宇宙，本书前面介绍元宇宙的章节中曾详细介绍过，早期的元宇宙经历了 20 世纪 90 年代的概念的孕育期、2000 年后的形态塑造期，以及 2021 年起始的快速发展期。可见，Web3 与元宇宙的早期发展历程并无明显的瓜葛。

从产业分类的角度来看，Web3 跟元宇宙产生了交互。这是因为元宇宙的构建者意识到元宇宙需要一个经济系统，而这个经济系统不被一家独大的某个企业所控制。恰好，Web3 基于区块链技术可以为元宇宙构建去中心化的数字经济系统。

进一步地，乐观的概念主义者把 Web3 与元宇宙同时称为“下一代互联网”，而且二者从生态体系的角度看几乎是重合的。这是一个值得辩证的观点。

最后，在技术开发者的眼里，Web3 和元宇宙可不是重合的，而是呈现出一个相互支撑的关系。比如，Web3 可以为元宇宙提供去中心化的经济系统（DeFi）、去中心化的组织形式（DAO）、丰富多彩的 NFT 等。元宇宙可以为 Web3 提供可以施展拳脚的空间与平台。

10.2 Web3 与区块链、DAO 的关系

从 2020 年开始，传统互联网领域出现了部分从业者“跳出”Web2 产业赛道的现象，在 Web3 这个新兴赛道进行早期的探索与尝试。比如，美团的某位联合创始人学习 Web3 之后，提出了“区块链撕裂了中国互联网，中国互联网的主要矛盾从巨头与创业公司之间的矛盾转变成古典互联网与区块链之间的矛盾”的观点[62]。2020 年他从美团退休，开始探索 Web3 新的赛道。另一个具有代表性的 Web3 的从业者是一位前字节跳动公司“90 后”程序员。2020 年，他从字节跳动离职，开始专心研究区块链技术与应用，后来全身心投入 Web3 赛道。可见，从传统互联网企业的高管到年轻人，传统 Web2 互联网人正源源不断地加入 Web3。那么，Web3 究竟有什么魔力？让我们回顾一下 Web3 的定义。Web3 是指基于区块链技术的去中心化在线生态系统。

许多人认为它代表了互联网的下一个阶段。一名传统投资机构合伙人认为目前的 Web3 行业，很像 2000 年的互联网企业。目前，Web3 行业也逐渐问世了一些雏形产品，比如被视为去中心化的支付宝的 MetaMask、被视为去中心化的 QQ 音乐的 Audius，以及全球最大的 NFT 交易平台 OpenSea 等。这些去中心化应用已经在全球范围内吸引了成千上万的用户，这些公司也逐渐成为全球最具影响力的公司。

如果用一句话概括一下 Web3 与区块链、DAO 之间的关系，笔者认为如下这句话最合适：“区块链是一种技术，DAO 是一种制度，Web3 则是一种文化。”[62]。

目前，Web3 与 DAO 已经被应用到了互联网、金融、艺术等为数不多的几个行业。但是，这场变局已经悄悄铺开了十年之久。然而，社会大众对 Web3 文化的了解远未成熟。未来，这个赛道将是一片蓝海。

10.3 NFT 与区块链、元宇宙的关系

人们弄明白了区块链技术可以为数字艺术品提供新的发布方式与流转方式，开始逐渐认可 NFT 的价值。这是因为数字艺术品被铸造成 NFT 后，就拥有了数字资产的属性。投资界的持续炒作又加速了 NFT 的火爆出圈。尤其是从 2021 年开始，元宇宙的流行也直接促进了 NFT 的出圈。

那么，NFT 与元宇宙、区块链之间到底有什么样的关系呢？其实这个问题来自笔者的一位播客听友曾同学，她是中山大学传播与设计学院的一位研究生。有一天曾同学通过邮件联系了笔者，咨询了如上问题。笔者对这个问题进行了回复。后来曾同学将部分观点转述到她们团队的公众号文章。稍微扩充之后，笔者从以下三个方面做出更详细的阐述，分享给读者朋友。

10.3.1 NFT 与元宇宙相互支撑

一方面，NFT 与元宇宙的融合已是大势所趋，这两个概念叠加

起来会产生“一加一大于二”的效果。元宇宙与 NFT 在发展历程中相辅相成，“入场玩家”也高度重合。二者均以“去中心化”“强社交性”“虚实结合”为重要特征。NFT 被视作元宇宙中经济体系的重要组成模块。这是因为 NFT 可以为元宇宙中的身份标识、资产确权等关键环节提供支持。同时，元宇宙保障了 NFT 的市场活力与社会关注度。

另一方面，即便没有元宇宙，NFT 也是可以独立存在于现实世界的网络空间中的。现在的很多行业，比如艺术、游戏等有涉及 NFT。例如，传统艺术家可以通过 NFT 铸造平台推出数字藏品，并将其挂在 NFT 交易平台上售卖。可见，NFT 为人们开创出一种新的商业模式。这种新的模式可以将很多传统艺术品转化为真实的数字资产。从这个角度看，的确可以将 NFT 理解为一种新的商业模式。虽然说国内在 NFT 交易方面的监管比较严格，但是在海外，将数字艺术品制作成 NFT 并支持在 NFT 交易平台上进行交易，已经发展得如火如荼了。一个很著名的例子是，美国职业篮球联赛（NBA）将球星的精彩进球瞬间制作成 NFT，即 NBA Top Shot（参见图 4-2）并公开发售，球迷们可以购买、收藏，也可以在合法的平台上自由交易。

10.3.2　NFT 与元宇宙同频共振

2021 年，Facebook 改名为 Meta，这标志着一众科技公司开拓布局元宇宙、NFT 等新兴概念市场，以获得市场主导权。面对全球环境恶化、资源短缺、贫富分化、阶层固化等问题，人们希望元宇宙能推动社会生产关系再一次演进，并建立真正的“地球村”，也希望NFT可以为普通民众提供分享数字创意红利的新机遇。

虽然二者为下一代互联网带来了新机遇，但是，二者背后的风险同样是不可被忽视的。在出现风险时，二者可能同频共振，甚至一损俱损。NFT本质仍是“虚拟货币”，作为元宇宙的重要组成部分，其与元宇宙的经济体系直接相联。一旦NFT发展失序，将直接对元宇宙这个“下一代互联网”的生态造成冲击。

元宇宙概念会对NFT市场的安全稳定产生极大影响。例如，借助元宇宙热度，NFT市场涌现了大量的“虚拟地块”，“虚拟房市”曾一度繁荣。当元宇宙概念波动时，NFT地产价格亦出现指数级增长或者断崖式下跌的情况。这种联动现象为元宇宙中虚拟经济的发展增加了诸多不可控因素，甚至会引发较为严重的社会问题[15]。

10.3.3 区块链是NFT与元宇宙的基础设施

区块链是NFT与元宇宙的底层基础设施。区块链可以记录NFT与元宇宙中产生的所有需要上链存储的交易与事务的记录，相当于为NFT/元宇宙的用户提供一个透明、可信、可追踪、可确权的公开账本。在区块链上，人们可以铸造NFT，NFT可以以数字资产的形式在元宇宙的媒介中使用与交易流转。

接下来，笔者分别论述一下NFT和“数字货币”（如图10-2所示）这两大类别的数字资产各自的特点。

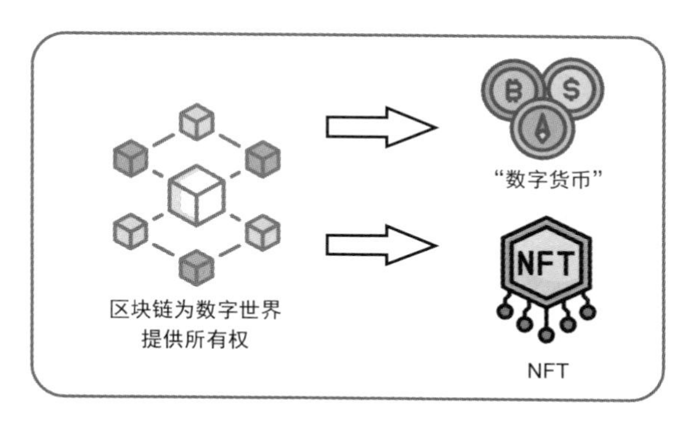

图 10-2 基于区块链技术的“数字货币”和 NFT

首先，NFT 会伴随元宇宙长久存在于人类社会里，因为 NFT 不是一个技术。技术可能会过时，而 NFT 是一个“范式”，而且是那种一旦出现就不会消失的范式。这里笔者举个例子解释一下“范式”。计算机对人们来说就是一种新的范式，或者说是一种新的思考方式。计算机的问世，使人类在面对复杂的计算任务时如虎添翼，再也回不到计算机出现之前的世界了。类似地，NFT 属于人们在数字艺术品领域的新的思考方式，它为人们提供了一种新的数字资产的呈现方式。

其次，通常某个公有链会有一种原生“数字货币”，一般被称为 token，翻译为“通证”。“数字货币”跟 NFT 是不一样的。它在 NFT 之前就出现了。比特币的问世代表着“数字货币”的诞生，随后陆续问世了几千种“数字货币”。虽然这些种类繁多的“数字货币”背后的技术千差万别，但本质上它们都是运行在区块链上的通证。通证对未来的社会具有很重要的意义，主要体现在通证经济，尤其是在某些 Web3 应用场景中可以产生一种独特的激励机制的作用，可以激活 Web3 应用的整个生态。举个例子，假如把现今 Web2 版本的大众点评 App 改造成一个 Web3 版本的大众点评 App，那么系统开发者面临的一个基本问题是：如何吸引用户持续使用该 App 并且自愿给出好评。我们先回想一下 Web2 版本的大众点评 App 是如何激励用户给出好评的。激励措施可能是店家赠送优惠券，或者系统奖励点数。但是，这些优惠或者点数只能在本 App 内使用，即不支持跨平台使用。那么，一个基于通证经济的激励机制是如何在 Web3 版本的 App 中发挥作用的呢？当用户给出好评之后，Web3 版本的 App 可以支付给用户一定数目的通证（比如以太币）作为奖励，用户得到通证之后，可以在 Web3 世界里的其他各种应用程序中去使用，甚至卖给交易所变现。以上这种通证跟 Web2 版本的 App 奖励点数有本质的不同。

10.4 Web3 与区块链的应用意义冲突吗

这个问题来自笔者 2021 年曾经教过的一位魏同学。有一天魏同学来信问了笔者两个关于 Web3 与区块链应用意义的问题。笔者觉得魏同学的问题很有代表性，这里原封不动地分享给大家。

魏同学来信道："老师您好，我是 2018 级软件工程专业的魏同学，之前上过您的区块链课程，对区块链和 Web3 技术产生了兴趣，之后也陆陆续续听了您的播客音频节目，针对 Web3 中的'打破数据垄断’这一目标有一些疑问。问题 1 是，据我了解，Web3 一个很大的特点是可以帮助用户拥有数据，防止一些企业巨头垄断用户的数据。但是，区块链的一个重要应用目标又是打破信息孤岛，所以这两个方向是不是有些矛盾？问题 2 是，假设 A 公司和 B 公司达成协议，通过区块链实现部分用户数据的共享，这种情况是否会导致用户对于自身数据的掌控力进一步下降？那么，在这个例子的背景之下，区块链技术是如何解决数据垄断的问题的呢？”

笔者认为魏同学的确进行了深入思考，才提出了这样好的问题。如下是笔者的回复。

首先，针对第一个问题，笔者认为魏同学混淆了 Web3 与区块链的技术服务对象。区块链技术的确可以帮助开发者建立去中心化的信息分享平台，从而达到打破信息孤岛的效果。而 Web3 的最大特点是可以帮助普通用户确保对自己的数据有“拥有权”。例如我们普通用户在大众点评 App 中点外卖的数据、在京东商城 App 中购买商品的记录，这些数据都反映了我们用户个人的偏好习惯。这些数据其实是我们的个人隐私。而 Web2 世界的现实情况是，这些 App 背后的大公司掌控着我们的数据。换句话说，大公司垄断了这些本来属于我们用户自己的数据。更让人不可接受的事实是，大公司可以运用 AI 算法挖掘我们的喜好，然后推荐相关的商品给我们用户。这相当于将我们用户的个人隐私数据用来变现获得更多收益，而用户却被白白被利用了。对比来看，Web3 世界中基于区块链技术的 Dapp 可以保证用户的身份数据会只存储在属于用户自己的安全存储空间中。用户即便通过购物平台购买物品，购物平台也只会使用到用户有限的身份信息。购买商品的记录并不会保留在购物平台的系统中。这样就可以保障用户的隐私数据真正被用户自己所持有。这两项技术之间的应用目的并不冲突，它们只是各自有独特的应用场景。

笔者再来回复魏同学的第二个问题。区块链可以打破信息孤岛的语境通常是针对一些大公司或者大机构来说的。比如，一个人在多家医院看病的记录，即便涉及用户的隐私，由于看病这一特殊情况，用户也不得不向医生完全陈述自己的个人信息。如果这位用户在多家医院看过病，那么这些医院就会分别拥有该用户的个人数据的多份拷贝，有可能有一部分数据还是重复的，比如用户的身份信息、地址、用户个人的各项病症数据等。如果多家医院之间没有一个沟通联动的数据共享机制，那么这些医院之间就不能共享信息。由此便产生了信息孤岛。开发者可以基于区块链技术建设一个可信、可追踪、可确权的数据共享的平台，在保证小范围访问权限的前提下，各家医院之间就可以将病人的数据进行共享，这样做肯定会提高病人诊疗的效率。可见，在这个例子中，区块链技术的确可以打破多家医院之间的信息孤岛。

但愿魏同学的这个问题以及笔者的回复对读者理解区块链与Web3 的意义有所帮助。

回复完以上两个问题，我们再来探讨一下相关的话题。

区块链是互联网发展到一定阶段的必然产物，是对多元价值的传递与分配体系的完善。趣链科技公司的李伟表示，区块链为互联网提供的信任机制和价值传递方式，保证了数据可信、资产可信、合作可信。区块链技术支撑的 Web3 是一个价值互联网[63]。

最后，笔者列举一下基于区块链技术的 Web3 的三个典型的基础应用。

- 首先，针对传统 Web2 的服务中身份信息易泄露、难互通、难协同的问题，基于区块链技术实现的 Web3 分布式数字身份（Decentralized Identifier，DID）技术可以实现用户数字身份的自主管控、身份信息可信查验、身份属性跨域使用，还可以有效降低用户身份泄露的风险。
- Web3 时代的核心资产包含目前比较火热的 NFT，如数字藏品。基于区块链技术进行确权和交易的虚拟物品将会具有非同质化的特点，变为虚拟资产，并具有不可分割、不可复制、唯一标识的特点。目前，以数字藏品为代表的数字资产逐渐成为社交地位的新型符号。它们可以作为价值媒介，也可以作为传播媒介进行流通与交易。
- Web3 时代的开放模式（如数据共享、合作分成、数字治理等）可以应用于金融行业的数据共享平台的构建。其中，金融业数据共享平台可以运用区块链与多方安全计算等前沿技术，面向银行、其他金融机构和政府监管部门，构建一个能够有效保护数据隐私、提升数据使用效率的平台，从而实现数据“可用不可见”，充分释放数据的价值。

10.5 Web3 与分布式存储

分布式存储是 Web3 的重要基础设施。当一个开发者想要开发一个去中心化应用的时候，就必须考虑用户数据存储在哪里的问题。因此本节会来探讨一下 Web3 与分布式存储。

10.5.1 Web3 与分布式存储有什么关联

如果想稳妥地存储一个文件，用户可以把文件本身“上链”存储，因为链上的数据无法轻易地被修改与删除。那么，在 Web3 时代，可供用户进行分布式存储的选择有哪些呢？带着这个问题，我们来探索一下 Web3 与分布式存储的关联。

随着 Web3 的发展，去中心化的存储逐渐成为受资本和创业者关注的一个赛道。例如，大多数 NFT 项目选择仅将 NFT 所有权数据存储在区块链上，达到不可篡改的目的。目前，大部分 NFT 交易平台支持将交易等信息上链，而 NFT 的实际媒体数据还是存储在链外。这里，笔者解释一下这种存储模式背后的逻辑。决定一个 NFT 特性的因素主要是它的元数据，包括 NFT 的名称、数字特征描述、图像数据、外部链接、日期特征和其他一些可选属性等信息[64]。大部分 NFT 项目并不会将这些元数据文件上链存储。这样会带来一个风险：如果将这些信息存储在中心化的服务器上，NFT 就存在被攻击的可能性。因此，有一些 NFT 的项目方选择花费高昂的手续费将项目发行的 NFT 存储在区块链上，比如加密朋克（CryptoPunk）花费了 7500 万美元，将所有发行的头像类的 NFT 存储在以太坊的区块链上。

由于在公有链上存储内容是昂贵和低效的，所以 Web3 的应用广泛地选择去中心化的存储方案[6]。

如图 10-3 所示，与中心化的网络架构不同，去中心化的分布式存储系统中的每一个用户都需要运行自己的节点。节点之间可以互相通信并交换文件。上传到分布式存储协议的文件被分成较小的块，分布在网络中多个节点上。每一个小块数据会被分配一个哈希值以允许用户节点定位索引它们。分布式存储协议不像普通互联网协议那样使用基于文件存储位置的链接，而是使用基于每个存储对象生成的唯一哈希标识符。因此，去中心化的分布式存储支持内容寻址。用户可以通过文件内容查找分散存储在不同节点上的存储数据。在查找的过程中，其他节点只需验证目标内容的哈希值，然后通过点对点连接将其提供给查找发起节点。

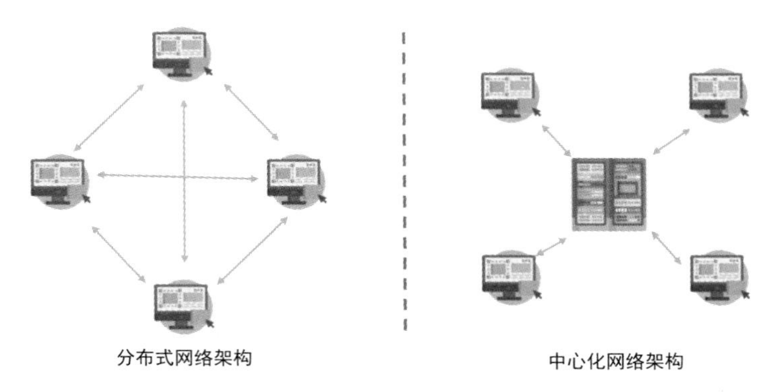

图 10-3 分布式网络架构与中心化网络架构

10.5.2 分布式存储落地项目举例

目前常见的分布式存储产品是 IPFS（InterPlanetary File System，星际文件系统）[6] 及其衍生的 Filecoin [65]。除此之外，本节也对具有一定知名度的 Arweave 项目 [66] 进行讨论。

IPFS/Filecoin

首先，IPFS 是一个点对点的超媒体协议，一个用于存储和分享内容的协议，旨在让网络变得更快、更安全和更开放。如同在区块链里那样，每一个用户节点都会运行自己的服务节点，节点之间可以互相通信并交换文件。

Filecoin 是 IPFS 官方基于 IPFS 协议发起的一个去中心化存储项目，它主要用来为 IPFS 解决如何激励用户积极参与进来贡献存储空间的问题。

如图 10-4 所示，在 Filecoin 的激励机制之下，用户使用 IPFS 存取文件的流程简述如下：

- **步骤 1**：用户为了在 IPFS 存储文档，需要支付一定数额的文件币（Filecoin 的原生通证）；
- **步骤 2**：矿工存储用户的文件，并通过 Filecoin 的区块链记账；
- **步骤 3**：IPFS 网络持续地验证矿工存储的文件是否正确；
- **步骤 4**：当用户需要取回他们存储在 IPFS 的文件时，需要向 IPFS 系统支付一定数额的文件币。

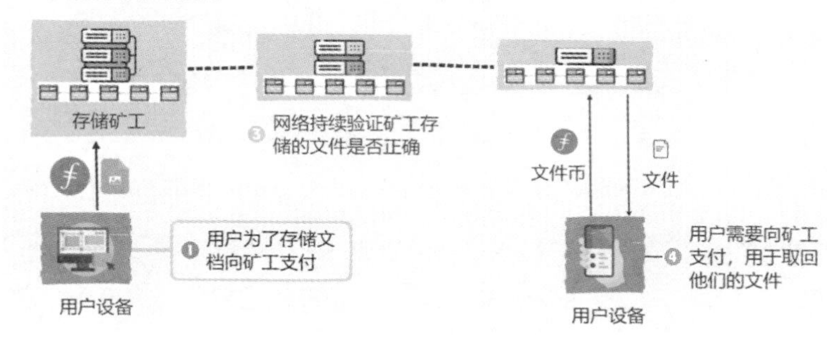

图 10-4　IPFS/Filecoin 的工作流程 [65]

尽管 IPFS/Filecoin 获得了很大的成功，但这套体系仍然存在问题。简单来讲，这套激励机制会使用户倾向于存储只跟自己有关的内容。这会造成一个现象：每个服务节点没有动力帮助存储来自其他服务节点的内容。这会带来严重的后果，即一旦用户自己维护的节点掉线了，这些用户自己的文件就无法被访问了。这其实在一定程度上退化成了中心化的存储模式。

Arweave

Arweave 项目支持将用户上链存储的数据永久存储在链上。具体来说，Arweave 的存储机制是：用户将要存储的数据上传到 Arweave 网络，只需支付一次费用，文件就可以被永久保存，并且可免费读取。为了做到“一次付清并永久存储”这一点，Arweave 创建了捐赠池（Endowment Pool），以确保可持续的矿工经济。所有用户都必须为永久存储服务支付手续费，但是最多只有 14% 的手续费会立即转给矿工，约 86% 的手续费会进入捐赠池。当矿工无法覆盖其挖矿成本的时候，捐赠池就会发放补贴给矿工，用来覆盖挖矿成本[67]。

自然地，这种永久存储的代价会很高。为了能在 Arweave 上存储文件，用户会创建一个交易并支付一定数量的 Arweave 通证（简称为 AR）作为网络使用费用。目前，Arweave 的存储价格为 0.005 美元 /MB。然后，用户就可以在 Arweave 的区块链上永久存储目标数据。相比之下，Amazon S3 的低端数据存储套餐价格为 0.000 023 美元 /MB。显然，Arweave 的用户为永久储存付出了过高的代价。

由于 Arweave 区块链底层共识采用的是“随机访问证明”机制，矿工需要在本地随机储存一定数量的历史区块，才能生成新的区块。正是由于这个特性，用户的数据反复被存储在不同的 Arweave 区块链节点上，从而可以确保用户上传数据的安全性与可恢复性。但是，早期的 Arweave 的底层存储机制也遇到过激励机制不完善的问题，即 Arweave 的矿工节点不会主动“拉取”并备份别的矿工节点提交的区块。为了解决这个问题，Arweave 的区块链在它的出块机制里加了一条新规则：当矿工为了获得新区块的通证奖励时，该矿工必须验证一个此前已经上链存储的历史区块的信息。验证某个历史区块的前提是该矿工节点必须已经下载并在本地保存了这个历史区块。Arweave 特殊的设计体现在每次矿工节点主动“拉取”并进行本地存储校验的历史区块是随机挑选而来的这一点上。这就意味着可以鼓励每个 Arweave 矿工节点尽可能多地存储历史区块。

举个例子。假如 A 是一个矿工节点，在今天中午挖矿时，Arweave 的共识机制随机选定了 2022 年 11 月 15 日早晨 08：00 的历史区块，要求 A 节点校验该历史区块中的信息的正确性。在 11 月 15 日早上 08：00，张三上传了一张图片并被当时获得记账权的矿工节点打包上链。只有 A 节点提前备份了含有张三的这张图片的区块，A 节点才可能挖出此刻的新区块并获得出块奖励。这样的话，争夺出块权的必备条件之一，就是每个矿工节点尽可能多地存储历史区块，由此才能让 Arweave 共识机制中的随机挑选算法随机挑选到“本地保存的需要验证的历史数据”的概率增加，也就是说，矿工节点挖出新块的概率也会增加。

在这种“随机挑选历史区块进行校验”的机制的作用之下，Arweave 完美解决了前述内容提到的 IPFS 也曾遇到的“每个服务节点没有动力存储来自其他服务节点的内容”的难题。

此外，因为 Arweave 存储成本比较高，所以 Arweave 的区块链上存储的主要是数据量较小且比较贵重的文件，如名贵 NFT 的信息等。

Swarm

Swarm [68] 是一个分布式存储协议，是以太坊在 Web3 堆栈实现的基础服务。Swarm 提供去中心化的内容存储和分发服务，可以被视为 CDN，通过互联网在计算机上分发。

Swarm 用户可以像运行以太坊节点一样，运行 Swarm 节点并将其连接到 Swarm 网络上。以太坊天才创始人布特林也曾玩笑道：“以太坊是三位一体的。”他说的“三位一体”是指计算机组成的三个部分——传输、存储及处理，这也是 Swarm 具备的三大功能。

- **传输**：Swarm 是一个去中心化的存储平台，提供以太坊 Web3 堆栈的本地基础层服务。
- **存储**：Swarm 旨在成为替代以太坊链上存储的解决方案，为以太坊生态提供公共记录的去中心化存储平台。
- **处理**：Swarm 能够在不干扰区块链上信息的情况下，协助 Dapp 存储、分发代码与数据。

Storj

Storj [69] 中文件存储方式与 Torrent 下载内容的方式类似。一个需要被存储的原始文件被分成若干小块，并存储在 Storj 网络中的不同节点上。一般来说，一个文件被分成 80 块，用户需要获得其中至少 30 块来恢复、重建原始文件。每个矿工节点可能存储了某个文件的碎片，但是这些文件碎片的内容数据是被加密的，只有文件的所有者才有密钥，能够解密原始文件数据。

Torrent 和 Storj 的一个关键区别是 Torrent 会公开文件碎片的存储位置。这是因为 Torrent 的目标是让任何节点都可以下载文件，而 Storj 的目标是维护用户存储数据的隐私。

Storj 网络中没有一个节点会完整地保存用户的某个文件。当需要下载恢复原始文件时，只有文件的所有者可以收集所有不同的碎片，并重新组合它们用于恢复原始文件。要找到原始文件的碎片，用户需要访问一个分布式哈希表，而这个哈希表需要一个私钥来解锁。没有私钥，任何用户节点都不可能猜到文件碎片的存储位置。即便黑客成功地得到了一个加密的碎片，他仍然需要使用存储在网络中某个地方的其他 29 个碎片及加密密钥来恢复原始文件。这就是密码学运用到区块链的一个例子。

为了在存储节点离线或完全退出网络时保留用户对文件的访问权限，Storj 使用奇偶校验碎片在系统中实现了一定程度的冗余。有了足够多的奇偶校验碎片，就可以大大降低文件数据碎片丢失的概率。另外，Storj 本身也会定期对存储节点进行审计，以确保用户的文件被安全存储。虽然用户存储某个文件的时间越久，其碎片丢失的概率就越大，但是Storj 采用了定期回收、重建文件再存储的做法，这可以克服刚才提到的问题。

10.5.3　Web3 生态的分布式存储尚存的问题

如果没有去中心化存储技术作为去中心化网络的底层技术支撑，即使实现了去中心化的信息传输和计算，也无法保证真正的去中心化数据治理。去中心化分布式存储将会成为未来 Web3 生态中的一个必不可少的技术组成部分。从严格意义上讲，目前的去中心化存储并非真正的去中心化，而是“非中心化”。比如 Filecoin 在存储方面是去中心化的，而在检索方面是中心化的。虽然中心化存储方式在数据隐私保护、收费标准等方面存在诸多不足，但中心化存储仍然是当今社会的主流方式。这背后的原因主要是法律与政策及经济设计等诸多因素导致了大多数去中心化存储平台的客户群体十分小众。去中心化存储产品提供的存储空间远远小于中心化存储网络，难以满足数据大规模存储和检索的要求。

本节，笔者总结了去中心化存储面临的更多难题[70]：

- 存储成本不稳定、费用结构不合理导致去中心化存储网络的存储成本存在较大波动性。比如 Sia、MaidSafe 和 Lambda 等项目因其通证波动较大，而且通证发行机制设计不合理，所以通证容易超发，进而导致存储费用和检索费用不稳定，从而造成较高的用户流失率。另一方面，尽管去中心化存储网络的存储费用远远低于中心化存储，比如 Storj 的存储费用仅为每月 0.015 美元 /GB，远远低于 Amazon 的每月 2.5 美元 /GB，但是如果考虑检索费用的话，那么去中心化存储费用很可能高于中心化存储的成本；
- 多方利益冲突导致项目方的短期行为严重。为了克服传统非许可型区块链（如 BTC、ETH 和 EOS）等的可扩展性不足的缺点，相当一部分去中心化存储项目采用了非中心化的方式，比如 Lambda 在存储资产做市商的中介化，与 Filecoin 检索协议的链下处理。存储网络规模的扩大和交易公平性往往是存在矛盾的，例如 Filecoin 的项目方为了短期扩大全网存储规模，基于有效存储占全网总存储的比例设计挖矿成功的概率，这导致用户存储和挖矿的动力减弱。
- 如何快速稀释全网总存储的集中度。在发展初期，去中心化存储项目的全网总存储将不可避免地集中在少数存储供应商手中，他们大多数以合伙人的身份参与到项目中。全网总存储的大规模集中，将导致项目容易遭到51% 的攻击。不论攻击方是单个存储供应商还是矿池，甚至是多方合谋，这种行为都会导致大多数普通用户掌握的项目参与份额越来越低，进而引起项目底层的存储区块链从非许可型变成许可型。这些后果将对项目的生态造成毁灭性的打击。

总之，Web3 的分布式存储需要设计良好的激励机制，既要吸引一批专业的存储服务商提供更专业、安全、稳定的去中心化存储服务，又要保证占大多数的一般用户来维持整个去中心化网络的非集权化治理。

10.6　Web3 世界中的数字身份

10.6.1　数字身份的简介

数字身份，是指通过数字化信息将个体可识别地刻画出来。也可以理解为将用户真实的身份信息浓缩为数字代码形式的密钥，以便对个人的实时行为信息进行绑定、查询和验证。比如，eID 数字身份以公民身份号码为根据，由公安部公民网络身份识别系统基于密码算法统一定义为中国公民的数字身份标记。eID可以保证签发给每个公民的数字标记识别的唯一性，减少公民身份明文信息在互联网上的传播，同时实现不同应用中公民数字身份有条件地互通。

既然已经有了稳定的中心化eID，那为什么还要考虑去中心化身份呢？要回答这个问题，我们需要先了解去中心化身份的特点和优势：

- DID（去中心化身份）更容易认证。它可以消除密码和烦琐的多因素认证协议，便于组织机构快速验证用户的身份；
- 去中心化身份具有更好的数据安全性。敏感的身份信息（个人信息和凭证）将被安全地存储在用户的数字钱包中，仅允许在必要时分享用户的身份信息；
- 去中心化身份能够降低企业的数据管理成本。它让用户存储个人数据，为企业减轻负担；
- 监管合规。监管机构收紧数据隐私法，去中心化身份框架可以免除一个组织建立数据库来存储用户信息的责任；
- 去中心化身份为用户提供更丰富的体验。用户可以在多个网站使用一个DID；
- 去中心化身份保证个人对数据的所有权和控制权。去中心化身份被描述为自我主权身份（Self-Sovereign Identity，SSI），因为它把个人数据的控制权放在个人手中。在DID系统中，用户可以决定哪些信息会被第三方知晓。

在 Web3 中，用户能够通过基于区块链技术的去中心化数字身份来自主管理身份，真正实现数据和资产的个人所有化，并且可以实现跨应用的去中心化共享。随着身份认证技术的发展，用户的数字身份从单一机构管理的中心化身份逐渐过渡到了多机构管理的联盟身份。身份数据也从最初的互不相通，到现在逐渐具备了一定的移植性。中心化身份认证模式普遍采用公钥基础设施（Public Key Infrastructure，PKI）体系中颁发证书的机构来实现对用户身份的认证。而联盟身份是指在不同的互联网平台之间达成身份系统的互通。而要真正实现用户在拥有自己身份自主权的同时，还能够互通身份，就需要采用去中心化数字身份系统。

分布式数字身份 DID 是 W3C DID 规范组织定义的一种标识符，具有全局唯一性、高可用性、可解析性和加密可验证性[71]。W3C 于 2019 年发布了首个 DID 标准规范[72]。

W3C 定义的 DID 系统主要分为基础层和应用层两层要素。

字符串形式的 DID 标识符和 JSON-LD 对象格式的 DID 文档组成了 DID 系统的基础层。DID 标识符具有全局唯一性，用于代表一个实体的数字身份，而每个 DID 标识都会对应一个 DID 文档。该文档主要包含了与 DID 验证相关的密钥信息和验证方法，用以实现对实体身份标识的控制。而由于 DID 文档中并不存储用户的姓名、地址等个人信息，所以仅仅通过 DID 标识符无法进行身份的识别与验证，必须要依靠 DID 应用层中的可验证声明（Verifiable Claim, VC）来达到目的。

DID 标准提出了可验证的证明机制。可验证声明是构建 DID 系统的价值所在。这是因为，DID 的唯一性和可信性需要建立在一个受信任的分布式系统上，其中主要的参与者包括发行者（Issuer），验证者（Inspector-Verifier, IV），持有者（Holder）和标识符注册机构（Identifier Registry）。发行者顾名思义，就是拥有用户数据，并且能够开具可验证声明的实体，例如政府部门、公安机关、教育机构等。验证者能够对发行者开具的可验证声明进行校验，并且据此提供服务。持有者是拥有可验证声明的任何用户。标识符注册机构负责链上信息的维护。

相对于传统的基于公钥基础设施的身份体系，基于区块链建立的 DID 数字身份系统具有保证数据真实可信、保护用户隐私安全、可移植性强等特征，同时结合分布式公钥基础设施（Decentralized Public Key Infrastructure, DPKI）[73]，实现了去中心化、身份自主可控和可信数据交换的 Web3 关键特点。DID 是实现去中心化身份管理的关键技术。在未来的数字化社会中，分布式数字身份体系带来的全新观念必将催生新的商业模式[74]。

10.6.2 DID 生态建设的分类

DID 生态的建设主要可以分为四类：链下身份认证类、链上身份聚合类、链上信用评分类、链上行为认证类。图 10-5 展示了 Amber Group 于 2021 年 11 月发布的 DID 生态系统[75]。

链下身份认证类

链下身份认证类旨在将链下的真人身份信息与链上地址绑定。BrightID [76] 是真人身份验证的代表性项目，用户需要预约 Zoom 视频会议，通过人脸识别和验证官的复核来做 BrightID 的唯一身份认证。多个项目均采用了 BrightID，比如 Gitcoin、RabbitHole、Status 等，保证一人一号。

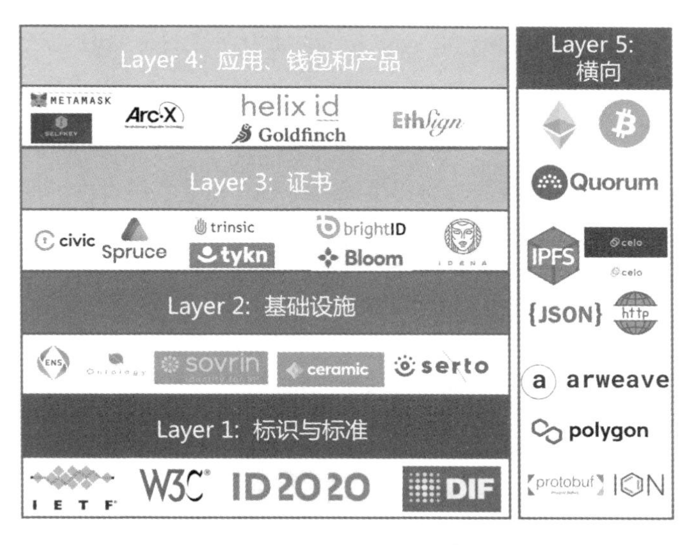

图 10-5　DID 生态系统 [75]

WeIdentity [77] 是由微众银行牵头研发，开源且基于区块链的实体身份认证及可信数据交换的解决方案。WeIdentity 提供分布式身份认证及管理、可信数据交换协议等一系列的基础层与应用接口，实现了一套符合 W3C DID 规范的分布式多中心的身份可信协议及符合

W3C VC 规范的可验证数字凭证技术，使分布式多中心的身份管理成为可能。机构也可以通过用户授权合法合规地完成可信数据的交换。WeIdentity 基于 W3C 对于 DID 的规范，在实现用户安全隐私保护的同时，还提供了良好的用户使用体验，实现了跨主体、跨地域、跨场景的分布式数字身份互联互通。

百度提出的 DID 方案[78]是一个三层结构，自底向上分别为区块链层、去中心化二层网络以及可信交换层。底层采用去中心化存储和区块链技术作为核心，分布式存储中保存的是 DID 与公钥的对应关系，在区块链上则锚定着这些身份数据的对应关系。去中心化二层网络[79]解决了目前区块链存在的较低吞吐量（transaction per second, TPS）的问题，并且提供统一的 DID 解析服务。在可信交换层，百度 DID 支持生态的各个参与方互相建立安全身份认证与数据交换。微软推出的 Microsoft DID[80]是一套基于 Azure 云服务的分布式数字身份技术架构，可以在不同区块链上实现分布式数字身份管理。该方案可以拆解为 Sidetree、身份覆盖网络（Identity Overlay Network, ION）和 DID 三个部分，分别对应协议层、网络层和应用层，三者属于逐级向上构建的关系。其中，身份覆盖网络项目作为整个解决方案的核心，基于 Sidetree 协议[81]，实现了良好的扩展性，同时保障了区块链的去中心化特性。另外，作为二层网络，身份覆盖网络[82]能够不受区块链网络本身吞吐量的限制，达到较高的 TPS。该项目通过区块链 BaaS 服务向不同区块链注册分布式数字身份标识，可以成为广泛使用的中间层，实现去中心化身份基金会（Decentralized Identity Foundation, DIF）互联互通的目标，同时也解决了向公有链注册 DID 时存在的效率低下的问题，而使用 Identity Hub [83] 又为开发者提供了管理用户隐私数据的基础模块。

Sovrin [84] 是基于 Hyperledger 区块链的 DID 方案。Sovrin 实现了用户自定义的隐私保护，通过成对的假名标识、点对点的私有代理和零知识证明加密来选择性地披露个人数据。同时，为了给 VC 的颁发者、所有者和确认者提供一个经济激励机制，Sovrin 协议使用了一种专门为保留隐私的价值交换而设计的数字化通证 uPort [85]。uPort 是 Consensys 推出的基于以太坊的分布式数字身份管理服务，它允许用户进行身份验证、无密登录、数字签名并和以太坊上的其他应用交互。uPort 旨在解决普遍存在的区块链用户密钥管理问题，为用户提供持久可用的数字身份。

链上身份聚合类

链上身份聚合类旨在打造数字人的数字身份，实现链上信息的聚合管理。Web3 应用的服务对象应该是数字人，而非真人，每位现实世界中的用户可以选择在 Web3 中构建多个数字身份。Unipass [86] 是这类项目的代表之一，主要的产品是链上身份的聚合管理：通过一个 Unipass ID，用户可以绑定邮箱、多个 ETH 地址，还可以搭建社交图谱（CyberConnect）、信息聚合平台（RSS3）等应用层协议。

链上信用评分类

第三类 DID 建设生态是链上信用评分类，它旨在拓展 DeFi 借贷的场景，使现实世界中金融行业的信用机制在 Web3 中实现，以提高

DeFi 的资源配置效率。ARCx [87] 发行 DeFi Passport，根据每个 DeFi Passport 持有者的信用分来量化其链上地址的信誉度。信用分将通过分析持有者的以太坊地址历史活动来确定，其范围设置为 0 到 999 分，该信用分确定了协议为用户提供的抵押率。

链上行为认证类

最后是链上行为认证类，它对用户的身份状态做出动态更新，引导用户参与某些合作方要求的活动，做出某些行为，并为其颁发链上的认证。Rabbithole [88] 是“学习认证”类项目的代表。这类项目将每个去中心化应用分解为游戏任务，引导用户与区块链协议、去中心化应用进行交互，培养 DeFi 用户的使用习惯，同时用户的 Web3 操作和行为还将获得他们颁发的“认证”。

10.6.3 DID 小结

国内外对于 DID 的研究反映出分布式数字身份在未来网络中的重要性，各个 DID 项目将用户的数字身份无缝覆盖到他们的日常生活中，让用户身份包含更多数据的同时，也保护了数据隐私，并且让用户掌握数据自主权，掌控自己数据的访问和使用情况。

综上，DID 可被视为 Web3 世界中的身份中心。由于用户控制着 DID 的中枢，所以他们可以决定何时、与谁以及在什么条件下透露他们的数字身份要素。围绕 DID 与区块链技术，已有许多项目建成 DID 生态系统。DID 作为 Web3 的基础设施之一，已显现雏形。

10.7 国内如何发展 NFT 产业

本节会探讨一个读者比较感兴趣的话题：国内如何发展 NFT 产业。为了回答这个问题，笔者首先梳理一下国内发展 NFT 的风险，然后讨论一下国内 NFT 市场可能的发展思路。

10.7.1 国内发展 NFT 的风险

国内外的 NFT 其实在不一样的道路上各自演化着。一个拥有健康生态的 NFT 应当部署在公有链上。但是，现在国内很多企业推出的 NFT 大多建立在自己的平台上，因此我们国内的 NFT 并不是广泛意义上的 NFT，更合适的叫法应该只是支持国内流通的数字藏品，并且购买的用户只能拥有这些数字藏品，不允许进行二次交易。

只有建立在公有链上的 NFT 才具有公信力。试想，如果用户花重金购买的 NFT，它的底层区块链竟然部署在一个公司内部用几台机器搭建的私有链上，那么用户应该会担心以下几个问题：如果这家公司把私有链关掉了怎么办？如果私有链被黑客攻击了怎么办？如果公司突然停电了导致私有链下线了，那用户的 NFT 不就消失了？又或者，一个用户花费重金购买了一个 NFT 版本的《蒙娜丽莎》，万一售卖该 NFT 的公司作弊，在自己的平台上通过技术手段把该客户的《蒙娜丽莎》NFT 替换成一个廉价的其他的 NFT，那么用户将会遭受巨大的损失。

这里，笔者再举一个例子。2022 年 7 月 20 日，有媒体发消息称，作为国内最大的 NFT 平台之一，腾讯幻核将关闭其业务[89]。这意味着即使是国内最大的 NFT 平台，也保证不了用户购买的 NFT 不会突然消失。那些购买国内数字藏品的用户会突然发现，自己买的 NFT 从始至终都并不属于他们自己。腾讯幻核将数字藏品等资产存放于至信链，认为资产本身并不存在关闭问题，由此用户对幻核的信任问题就转移到了至信链上面。至信链是由腾讯公司、中国网安、枫调理顺三家企业联合建设的可信存证区块链平台，已有社会各界十余家公信力机构作为节点加入。至信链作为联盟链，旨在为信息互联网提供各类“可信任”的解决方案。

该联盟链通过区块链技术，连通商业端与司法端，搭建了从电子数据到电子证据的可信通道，实现了电子数据的可信保存、安全传递与合法使用。但是，腾讯关闭幻核业务的事件让人们意识到，联盟链依然存在信任问题。

以上示例中的现象在一定程度上减少了人们对国内 NFT 发展的信心。可能最终人们会逐渐意识到，一个具有健康生态的 NFT 平台必须建立在公有链上。

10.7.2 国内发展 NFT 可能的路径

尽管国内发展 NFT 存在诸多风险，国内相关部门仍然认识到了 NFT 对于数字经济的巨大价值，纷纷推出鼓励发展的政策。比如 2022 年 7 月 12 日，上海市公布《上海市数字经济发展“十四五”规划》[90]，围绕数字新产业、数据新要素、数字新基建、智能新终端等重点领域，加强数据、技术、企业、空间载体等关键要素协同联动，加快进行数字经济发展布局，提出了六大重点任务。

引人关注的是，《上海市数字经济发展“十四五”规划》特别提到了 NFT 技术应用。在培育数据新要素的过程中，作为数字贸易的新技术、新业态、新模式，该规划提出要支持龙头企业探索 NFT 交易平台建设，研究推动 NFT 等资产数字化、数字 IP 全球化流通、数字确权保护等相关业态在上海先行先试。在发展数字新基建中，该规划还提出要发展区块链商业模式，着力发展区块链开源平台、NFT 等商业模式，加速探索虚拟数字资产、艺术品、知识产权、游戏等领域的数字化转型与数字科技的应用。随后，笔者分析了这些规划可能对数字经济和 NFT 市场的发展带来的变化。笔者总结了以下三点主要内容。

- 该规划提到支持龙头企业探索 NFT 交易平台的建设。这里值得注意的是，文中提到的“龙头企业”未明确说是国有企业还是民营企业。这一点值得继续观察。
- 该规划明确肯定了 NFT 产品在资产数字化、数字 IP 确权流通场景中的价值。这一点相当于为 NFT 产业做了定调。
- 该规划提到鼓励探索 NFT 的应用场景。比如文中提到“着力发展 NFT 等商业模式，加速探索虚拟数字资产、艺术品、知识产权、游戏等领域的数字化转型与数字科技应用”。

我们继续探讨国内如何发展 NFT 产业的问题。现在国内头部区块链平台并不对所有 NFT 企业开放接入，而是设立了准入门槛。所以，小型数字藏品的初创公司是很难拿到入场券的，它们面临着到底是构建自己的底层区块链系统还是选择其他门槛没有那么高（但是可信任度也不高）的区块链平台的难题。现阶段国内可交易的 NFT 大多只涉及数字藏品，比如把名家字画铸造成 NFT 进行发行与公开售卖。值得关注的一点是如果国内将来推出了 NFT 交易平台，那么这些平台会不会支持与基于海外公有链（如以太坊）的 NFT 交易平台进行互通呢？对于监管层来说，这是一个值得思考的问题。

按照目前的整体风向来看，监管部门应该是希望对全市场做出全面的、易行的监管措施。这体现在如下要求：国内 NFT 企业的风险责任人需要是国内的某个主体，而且相关 NFT 企业的风险要可控。笔者猜测监管部门下一步的策略应该是仿照海外的 NFT 交易市场，建成一个国内版本的 NFT 交易市场，把那些成熟市场的游戏规则学过来，再附加一些对国内生态有利的限制，然后在监管部门制定的规则下进行运营。

国内如果将来推出上述版本的 NFT 交易市场并发展 NFT 的应用生态，就不能依靠国外主流的基于通证经济的模式来运营，但是可以使用数字人民币来计价。总之，还是可以将 NFT 的交易市场在国内运行起来。

目前来看，一些聪明的从业人员已经设计出了独特的 NFT 产品的发展模式。比如在国内做基础服务，然后通过某种方式将 NFT 产品销售到海外去。可见，国内 NFT 的产业还是有不少机会的。笔者认为，人们很快就会见证各种 NFT 融合数字经济的创新应用陆续在国内市场落地。

10.8 元宇宙在教育行业中的探索——元宇宙大学

10.8.1 元宇宙大学初探

2021 年 10 月 20 日，香港中文大学（深圳）蔡玮教授团队在 ACM 国际会议（Proceedings of the 29th ACM International Conference on Multimedia）发表论文《为社会公益服务的元宇宙：一个大学校园原型》（Metaverse for Social Good: A University Campus Prototype）[91]，该论文从社会公益这个代表性应用出发，提出并构建了以校园为模型的元宇宙。该论文从宏观角度设计了一个三层的“元界”架构，包括基础设施、交互和生态系统。

2022 年 9 月，Meta 和 VictoryXR（总部位于美国爱荷华州的虚拟现实教育初创公司）合作打造且开放了 10 个元宇宙的虚拟校园。该项目投资 1.5 亿美元。Meta 表示作为其沉浸式学习项目的一部分，该项目旨在将教育引入虚拟现实环境。 教育是虚拟现实和元宇宙技术的最大应用方向之一，Meta 正在将这一想法逐渐变成现实，以帮助 10 所大学推出他们的元宇宙虚拟校园。

10.8.2 元宇宙大学具体案例

Meta 将捐赠 Meta Quest 2 头显设备给上述 10 所大学，以支持学生参与到虚拟课堂。Meta 沉浸式学习项目的目标之一是通过与组织和大学合作，增加学生采用虚拟现实技术的机会。VictoryXR 创始人史蒂夫·格拉布斯（Steve Grubbs）表示，教育是元宇宙的重要用例，沉浸式学习将帮助世界各地的创作者获得元宇宙相关的技能，并为学习者创造身临其境的体验。

如今随着元宇宙校园的上线，马里兰大学全球校园（UMGC）的 45000 多名学生将能在虚拟世界中会面。马里兰大学全球校园信息技术部主席丹尼尔·密茨（Daniel Mintz）表示，这是马里兰大学首个虚拟校园，校园中甚至有一个鸭塘。马里兰大学全球校园将在虚拟校园开设五门课程。与非沉浸式课程相比，学生选修这些虚拟校园的课程无须支付额外的费用。

同样，莫尔豪斯学院（Morehouse College）的生物学专业的学生也在做类似的事情：只要戴上虚拟现实头盔，这些学生就能走进人类的心脏，创建巨大的分子，还能足不出宿舍参观埃及金字塔[92]。

“在元宇宙中教学，能够离开物理现实，将自己沉浸在一个完整的数字模拟环境中。师生可以在世界上的任何地方、任何时间上线接入元宇宙中的教学环境。”莫尔豪斯学院的元宇宙项目首席研究员穆希纳·莫里斯（Muhsinah Morris）如是说。这所位于亚特兰大且历史悠久的黑人学院是 10 所通过虚拟现实头盔在虚拟教室里授课的元宇宙大学（Metaversity）之一。

Meta 希望在元宇宙中建立一个学习生态系统，并为此设立了一个 1.5 亿美元（约合人民币 9.53 亿元）的专项基金，用于建设沉浸式的教育场景。他们首先将创造一种沉浸式的教育体验。例如，用户想学习行星知识时，戴上 VR/AR 眼镜后，整片银河就会出现在用户面前，他们可以清晰地看到行星的纹理和特点。用户想学习古代建筑知识时，他们可以直接穿越到那个时代，去“亲身体验”古建筑是如何建成的。

与此同时，Meta 表示将提供专业的 Spark AR 课程和正式认证计划。将着力培育教育领域 AR/VR 内容创作者。目前，Meta 正与 Unity 合作，传授创建教育导向的 VR/AR 内容所需的技能、工具等，并与多个非营利组织达成了合作。

2022 年 9 月 13 日，Meta 与角川动画学园宣布合作为下一代 XR 创作者推出教育计划。Meta 启动面向日本下一代 XR 创作者的沉浸式学习计划。该计划为从初学者到专业人士的 AR/VR 下一代创作者提供了学习尖端技能的机会。该教育计划使用了 Meta 在 Instagram 等上开发的带有 AR 功能的 Spark AR。该课程将在 Meta 提供的免费在线学习网站 Meta Blueprint 上陆续发布[92]。

通过 Meta 公司在元宇宙教育行业的布局，我们可以很容易地看出元宇宙的愿景与现实世界的需求息息相关。可以预见，未来 Meta 和 VictoryXR 合作打造的虚拟校园或者工作场景将会像经典社交平台 Facebook 一样占据未来人们生活的很大一部分。

10.8.3 元宇宙大学面临的挑战

虽然在元宇宙中完成大学课程有很多好处，例如学生可以不受地理位置的限制体验沉浸式学习，但这也存在一些问题。根据一些针对元宇宙伦理、社会和实践方面，以及隐私侵犯和安全漏洞等风险的调查研究，笔者总结出元宇宙大学或将面临以下4个挑战[93]：

- 巨大的时间和金钱成本。虽然Meta为自己与VictoryXR合作推出的元宇宙大学免费提供一定数量的VR头显Meta Quest 2，但这只能满足小部分使用场景的需求。Meta Quest 2（128 GB）的低配版售价为399.99美元。此外，管理和维护大量头显设备也需要额外的运营成本和时间投入。而且，学校还需要花费大量时间和资源来为教员提供培训，用以最终向学生提供元宇宙大学的课程。但是，其中许多课程需要全新的数字教学素材，大多数教育工作者没有能力创建自己的元宇宙教学素材，因为这涉及融合视频、静止图像、音频与文本并开发出一种能够令人身临其境的在线体验产品。这意味着，开发元宇宙课程需要投入更多的人力与精力成本。
- 数据隐私安全和人身安全问题。元宇宙中的网络攻击可能会对使用者造成实质的伤害。元宇宙界面直接向用户的感官提供输入，因此它们直接欺骗着用户的大脑，使其相信自己处于不同的环境中。攻击VR系统的恶意攻击者可以影响沉浸式用户的活动，甚至诱使他们移动到危险的位置，例如楼顶边缘等。

- 缺乏先进的基础设施。大多数元宇宙应用程序，例如 3D 视频等，都是带宽密集型的。它们需要高速数据网络来传输跨虚拟空间和物理空间的所有必要信息。许多用户，尤其是农村地区的用户，缺乏高质量元宇宙内容流式传输基础设施的支持。
- 放大偏见的风险。不能否认，性别、种族和意识形态方面的偏见在历史、科学和其他学科的教科书中很常见，这会影响学生对某些事件和主题的理解。在某些情况下，这些偏见阻碍了正义和其他目标的实现，例如性别平等。偏见的影响在富媒体环境中可能会被放大。

可见，虽然建设元宇宙中的大学有令人激动的前景，但是这并不是一件容易的事情，需要克服种种困难。这些困难与挑战有些来自技术、投入成本，也有些来自伦理道德与社会层面上的限制。

第11章 对区块链生态的探讨

导读：本章，笔者会对区块链生态做出深层次的探讨。内容包括挖矿与算力的探讨、区块链与通证的关联、区块链的分层架构、区块链跨链技术，以及区块链企业榜单。

11.1 PoW 挖矿与算力

在比特币挖矿过程中，所谓“矿工”，是指以计算为手段，获得相应的比特币出块奖励与手续费奖励的矿机。一个矿工不会验证一个单独的比特币的转账交易，而是会将一系列的交易打包形成“区块”，并通过计算区块的散列值进行验证。比特币采用 PoW（工作量证明）算法实现共识，PoW 就是一种对某个特定目标的难度值进行计算的共识机制。具体来讲，使用基于 SHA-256 算法的 PoW 机制要求每台矿机通过暴力破解方法解决一个数学难题。当矿机参与散列计算后得到一个符合目标难度值的散列值时，这台矿机就可以获得“记账权”，并可以获得一定数量的比特币作为“出块奖励”。

在 PoW 共识协议中，矿工可以获得新币奖励和交易费，这种方式提供了比特币网络的激励机制。同时，全网的算力保证了比特币的安全性。虽然说一个贪婪的攻击者能够通过某种技术手段汇集比诚实矿工节点更多的算力，即可以发动 51% 攻击，但是他将不得不在使用高昂的算力成本进行攻击和用其产生新币之间做出选择。从经济学角度考虑，遵守比特币系统规则所获利益在大多数情况下要大于发起 51% 攻击带来的利益。因此，在全网矿工都理智的假设下，比特币的网络是安全的，因为至今为止没有一个实体可以控制超过全网一半以上的算力。

随着计算机硬件技术的发展，矿工的“挖矿”算力越来越强大。从全网的角度看，全网的算力也会得到提升（如图 11-1 所示），由此潜在的 51% 攻击者的攻击成本也提高了，比特币的区块链看起来变得更安全了。不过，升级全网的算力也会让区块产生的速度提高。区块产生的间隔变短将会导致比特币的区块链发生更多的“分叉”冲突，从而降低了主链区块的产生速度。这也会导致攻击者更容易追上或者赶超主链的长度，最终可能破坏比特币的区块链。可见，升级矿工的算力也会带来副作用。

现实情况是，在一个去中心化的区块链网络中，没人可以限制矿工升级自己的挖矿设备。在正常的情况下，矿工为了赚取更多的挖矿奖励，他们会自发地升级自己的算力。从历史上看，除去发生了黑天鹅事件，比如受某些国家或地区重大政策的限制或者矿工所在的地区发生了战争，比特币整体的算力是在逐渐增强的。那么，为了维持比特币整体出块的稳定，比特币的区块链将不得不经常改变挖矿难度，以此来匹配变化的全网算力。

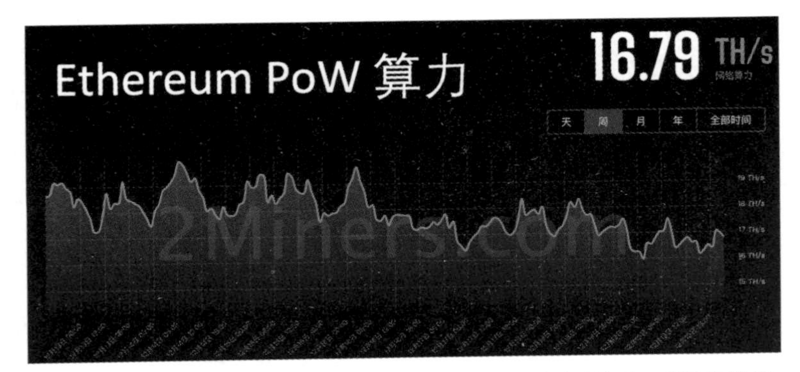

图 11-1　Ethereum PoW 网络算力反映的是 ETHW 网络中所有矿工的整体性能。目前，Ethereum PoW 网络算力为 16.79 TH/s = 16 790 903 872 893 H/s。网络算力利用当前网络难度、密码学通证网络设定的平均区块查找时间和最新区块的有效区块查找时间计算得出[94]。

那么，比特币系统中挖矿的难度调整是怎么一回事呢？实际上，比特币每一个挖矿难度的调整周期大概为两个星期。比特币网络可以根据上一周期的出块情况来动态调整挖矿难度（通过调整限制满足难度要求的哈希字符串的前若干位“0”的数目），由此确保整个网络生成一个新区块的时间稳定在 10 分钟左右。比特币的难度调整公式为下一周期的难度系数 = 当前周期的难度系数 ×（20 160 分钟 / 当前周期 2016 个区块的实际出块时间）。

虽然说比特币的 PoW 挖矿机制与难度调节机制设计得很巧妙，但是，PoW 共识算法仍然有 3 个广受批评的地方：

- **资源浪费**。图 11-2 展示了 PoW 挖矿与算力之间的关系。矿工为求解区块链的 PoW “谜题”，需要进行大量的哈希运算，这需要消耗大量的电力和其他各种算力资源，而且找到的符合难度要求的哈希值实际上并没有任何的现实使用价值。简单地说，比特币挖矿就是比特币矿工参与算力运算竞争，通过哈希运算，看谁先计算出符合预先定义规则的“幸运数字”，从而获得打包区块链转账交易生成区块的的权利。

- **交易吞吐量低下**。因为 PoW 共识算法限制比特币出块的时间是 10 分钟左右，所以每一笔提交到比特币网络的交易至少需要 10 分钟才可能被打包上链。而且，由于比特币遵循“最长链原则”，通常这笔交易还需要等待大概 6 个区块才能被全网一致性确认。这些因素限制了比特币仅支持每秒 7 笔左右的交易处理速度，并不适合高并发的商业应用场景。
- **PoW 共识算力集中化**。目前，矿池是比特币网络挖矿的主力，个人矿工基本不可能单独生存下去。算力聚集度高的矿池变得越来越有话语权，进而导致算力的集中化。这一点是有悖于比特币网络去中心化的特点的。

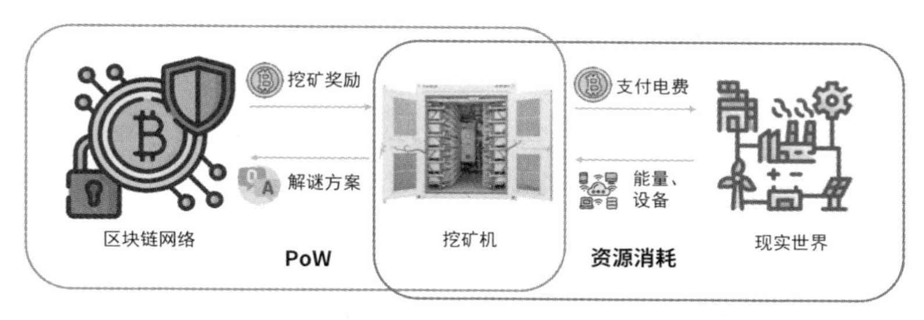

图 11-2 PoW 挖矿与算力

从技术上看，PoW 算法的核心矛盾在区块大小与出块间隔上。增加区块容量可以提高吞吐量，但是区块过大会造成网络传输拥塞，反而会降低节点间达成共识的效率，结果可能降低区块链的吞吐量。而缩短出块间隔也能增加单位时间内的出块量，但出块间隔的缩短会造成更频繁的区块链“分叉”，这会使“双花攻击”的可能性变高，还会带来其他安全问题。

随着公有链共识机制的发展，PoW 共识算法产生了许多变种。从性能和安全性的角度进行提升的现有方法可以被归为两种：一种是在不改变 PoW 共识机制的基础上，对链的增长方式进行改造，重新分配记账权，减小无序竞争和出块间隔；二是不对 PoW 共识算法的内容做修改，通过链下扩展机制，对链上交易量进行卸载，旨在提升主链的效率。

11.2 区块链一定要发行数字通证吗

对于这个问题，首先一定要分清楚针对的是何种类型的区块链。早期以比特币为代表的区块链，还有后续出现的一些类似于比特币的竞争币，如莱特币、点点币等“数字货币”底层的区块链，其根本的功能就是转账。所以，早期的公有链肯定是需要密码学通证的。

后来陆续出现了其他类型的区块链，比如许可链，也叫联盟链。联盟链也是我国现在重点布局的一个战略性方向。联盟链在国内通常被用于与实体经济相关的很多场景。在这些应用场景里面，通常不存在“数字货币”这么一个角色。而且，“数字货币”的炒作在我国也是被禁止的。由此可见，并不是所有的区块链都发行“数字货币”。

另外一个衍生的问题是，联盟链既然不发行“数字货币”，那么联盟链是否需要激励机制呢？假设想通过多个联盟单位建立一条联盟链。比如某大学的几个附属医院之间，以联盟链的形式组织起来分享病人的数据。在这个场景中应该会存在联盟成员之间的激励问题。比如，某些联盟成员不愿意分享自己的数据，该怎么办呢？这个时候就需要激励机制来发挥作用了。至于如何设计联盟链的激励机制，可能有很多的方法，比如可以通过链下的方式去设计针对联盟链成员的激励机制。这里就不展开讨论了。

11.3　简述区块链的 Layer1、Layer2 与 Layer3

由于可信任、防篡改和去中心化的特性，区块链技术保障了交易数据的安全可追溯，但同时也面临着交易吞吐量低的问题。近来年，研究者为了提升区块链的性能，陆续提出了区块链的 Layer1 扩展方案以及 Layer2 和 Layer3 的问题解决方案，具体如图 11-3 所示。本节简单介绍区块链中这些 Layer 相关的概念。

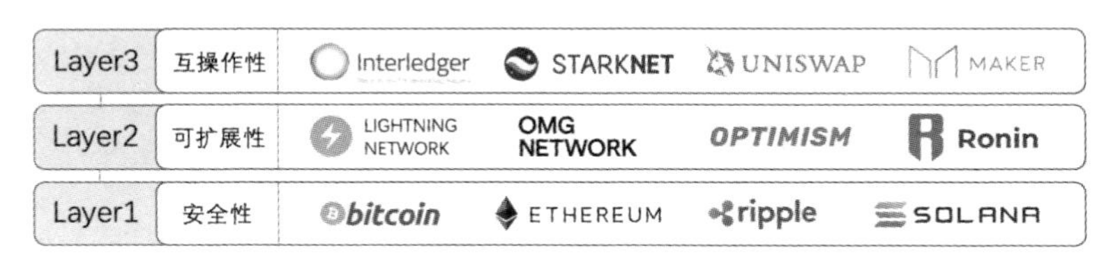

图 11-3　区块链不同 Layer 的特性以及代表性案例

11.3.1 Layer1 介绍

区块链的Layer1是指区块链底层，即区块链系统本身层面，比如比特币系统的Layer1就是比特币的主链。因此，Layer1涉及区块链架构的不同层级，包括网络传输层、共识层、数据存储层。链上交易需要共识机制来保证账本的一致性。共识过程中的区块广播和网络通信都需要网络带宽的支持，但对于去中心化的网络环境，冗余的传输会耗费大量的带宽资源，这加重了网络传输的负担。此外，去中心化程度高的系统，内部节点的数量会相对较多，冗余分散的存储保证了交易账本的安全性，但会降低整体的交易验证速度。简而言之，虽然说区块链提供一种安全可信任的分布式记账环境，但其Layer1各个层面的缺陷也导致了区块链的可扩展性较差。在去中心化、安全性、可扩展性之间寻找平衡是区块链面临的困境。一个中心化程度高的系统的可扩展性会更高，但与此同时，系统的安全性会降低，因为计算能力集中可以加快交易验证速度，但其抵御攻击的能力会下降[95]。比如，作为Layer1扩展方案的分片技术就牺牲了部分去中心化特性，加快了交易的上链速度，但是比起完全去中心化的区块链，分片技术也带来了安全上的隐患，即攻击者针对特定的某个分片需要的攻击成本更低。

11.3.2 Layer2 介绍

受到区块中交易容量的限制和出块速度的共同影响，区块链的交易确认速度异常缓慢。以比特币举例，其一个区块内大约容纳 4000 笔交易，出块速度约为 10 分钟一个区块，因此其交易确认的速度大约是 7 笔 / 秒。如果将区块链网络比作一条不可拓宽的拥挤道路，那么为了增加这条道路的吞吐量，就需要开辟一条新的高速通路卸载主路线上的流量，这条依托于主路（Layer1 区块链网络）的高速通路可被看作区块链的 Layer2 网络。

在区块链中，Layer2 网络是建立在 Layer1 主链网络之上的上层网络。下面介绍几种具有代表性的 Layer2 方案。

- **状态通道（State Channel）**。它是一种建立在链下网络中的节点之间"点对点连接"的逻辑通道，采用双向通道通信实现即时交易的功能，无须将每一笔交易提交给矿工打包。它摒弃了链上网络中缓慢的共识过程，将交易转移到链下处理，不仅加快了交易速度，也不需要花费昂贵的链上交易费用，降低了交易成本。每个状态通道两端的节点可将用于交易的资金存入通道，并各自维护通道账本的状态，最终通道中的资金将会被提交上链。典型的落地方案有比特币的闪电网络（Lightning Network）、以太坊的雷电网络（Raiden Network）。
- **卷叠（Rollup）**。此方案将多个运行在链下的交易捆绑起来提交到 Rollup 的服务器，交易由服务器验证后将被发布并记录到主链上。此方案在保证安全性的前提下，加快了交易处理的速度。目前主流的两种不同安全模型的 Rollup 方案是 Optimistic Rollup 和 Zero Knowledge Rollup。

- **侧链（Sidechain）**。侧链是桥接到主链上的独立的区块链网络，它拥有自己的共识机制，独立验证交易可以分担主链上的交易验证压力。代表方案有元宇宙游戏 Axie Infinity 的侧链 Ronin。
- **嵌套区块链（Nested Blockchain）**。顾名思义，它是一种嵌套在其他区块链内部的区块链，主区块链可以为从属链设定网络参数与运行规则，而不参与具体的执行过程。应用此类方案的有以太坊的 OMG Plasma 网络。

在以太坊的众多 Layer2 扩展方案中，目前最主流、市场占有率最高的是卷叠（Rollup）方案。统计数据显示，截至 2022 年 10 月，以太坊 Layer2 扩展方案已锁定近 47 亿美元的资产。其中使用 Optimistic Rollup 安全模型的 Arbitrum 和 Optimistic Ethereum 总共占据了 Layer2 扩展方案超过 80% 的市场份额。比特币网络的 Layer2 扩展方案最典型的是闪电网络，它是一种使用支付通道进行交易的链下网络。2022 年 10 月份的统计数据显示，闪电网络有超过 17 800 个节点和 86 000 个支付通道，全网容量为 5017 个比特币。

11.3.3 Layer3 介绍

尽管 Layer2 网络在一定程度上解决了区块链的可扩展性问题，

但解决区块链的困境只是完善区块链系统最基础的一个环节，实际应用中的交互问题依然没有得到解决。这种交互不仅体现在人与系统间的交互，还包括不同区块链系统之间的交互，因此当前的区块链生态系统迫切需要一个面向应用层的协议来解决这些交互问题，这个协议就是区块链的 Layer3 解决方案。

Layer3 解决方案为一些定制化服务、Dapp 的开发和跨链交互提供了基础。它基于 Layer2 网络实现超扩展性。定制化服务允许用户自定义隐私保护级别，以及为不同区块链系统中的用户提供特定的服务和个性化功能。另外，由于 Layer2 网络无法实现去中心化交易所的功能，所以用户的资产无法便捷地在各个不同区块链系统间进行转移。比如，用户在不依赖中介的情况下，无法在一些依托于以太坊的去中心化金融应用中转移自己的“数字货币”资产，恰好 Layer3 协议可以解决不同区块链系统间的互操作性问题。

目前已经有一些面向 Layer3 的应用层协议和相关 DeFi 应用开发落地，比如瑞波网络的 Interledger 协议允许跨网络或区块链系统的交易路由，打破了不同数字资产间的孤立状态，而且避免了跨系统交易时中介破产的风险。代表性方案还有以太坊的 StarkEx、StarkNet，以及 Uniswap 和 Maker。前两个是 Starkware 为以太坊提供的两种不同的扩容方案，后两个是基于 Layer3 的 DeFi 应用。此外，一些 NFT 平台的开发也离不开 Layer3 协议的支持。

11.4 不同的区块链需要跨链交互吗

在回答此问题前，让我们简单回顾一下 TCP/IP 协议的诞生过程。在 20 世纪 60 年代早期，麻省理工学院的劳伦斯·罗伯茨（Lawrence Robberts）等人领导了美国高级研究计划署（Advanced Research Projects Agency, ARPA）的一个计算机科学计划，并公布了第一个分组计算机网络 ARPANET，该网络也是如今因特网的祖先。早期的 ARPANET 规模很小，仅由美国几所高校作为网络节点，并在其上实现了简单的电子邮件服务功能。到了 20 世纪 70 年代，出现了各种网络，并且它们的网络规模也从几个节点扩展到了成百上千个节点。然而，这些网络之间相互封闭，难以相互通信，严重阻碍了计算机网络的发展。这种挑战环境催生了一个可实现各个网络之间互联互通的 TCP/IP 协议。

现在，笔者回答本节提出的问题：区块链需要跨链交互吗？当前，区块链百花齐放，各种各样的区块链系统被设计出来并应用在现实生活中。根据知名“密码货币”网站 CoinMarketCap 的统计，当前在现实世界中使用的密码学通证有 9440 种之多，这些种类繁多的密码学通证背后是超过 8000 个独立的区块链系统。由于不同的独立区块链系统拥有不同的原生通证，配置了不同的功能和定义了不同的数据结构所以这些相互之间独立的区块链系统很难进行资产跨链转移，进而形成了一个个价值孤岛和数据孤岛。因此，区块链也急需一个实现链与链之间互联、互通、互操作的“区块链 TCP/IP 协议”。

的确，一些具有代表性的类似“区块链 TCP/IP 协议”的跨链技术或跨链协议已经被提出，包括公证人机制、侧链 / 中继链、哈希锁定和分布式私钥控制等方案。不仅如此，一些跨链项目也已经落地并提供一些区块链系统通证之间的跨链转移服务。一个典型的跨链项目就是 Cosmos[98]。简单来说，Cosmos 是一种支持跨链交易的网络架构，目标是解决区块链系统面临的互操作性和可扩展性等的问题。Cosmos 区块链网络由多条独立运行的区块链组成，每条区块链也被称作“Zone”。Cosmos 中还存在第一个称为“Cosmos Hub”的特殊区域。为了实现“Cosmos Hub”以及各个“Zone”之间的跨链交互，Cosmos 设计了一个区块链间通信协议（Inter-Blockchain Communication, IBC）。协议中的区块链可以验证已发生在其他区块链中交易的有效性，从而实现区块链之间资产的跨链转移。

另一个典型的跨链项目就是 Polkadot[97]。这是一个可扩展的异构多链网络协议，能够联合多个专用区块链，并使它们能够大规模无缝地协同运行。由于 Polkadot 允许在任何类型的区块链之间发送任何类型的数据，所以它可以解锁现实世界中广泛的用例。正如图 11-4 所示，Polkadot 的组件主要包括三种链：中继链（Relay Chain）、平行链（Parachain）和连接外部区块链的桥（Bridge）。中继链是 Polkadot 的核心，用于协调不同平行链之间的共识和交易；平行链负责收集和处理交易，并通过跨链消息传输协议（Cross-chain Message Passing, XCMP）彼此通信；桥是一种特殊的平行链，负责连接到外部实时的区块链网络，例如以太坊主网和比特币主网。

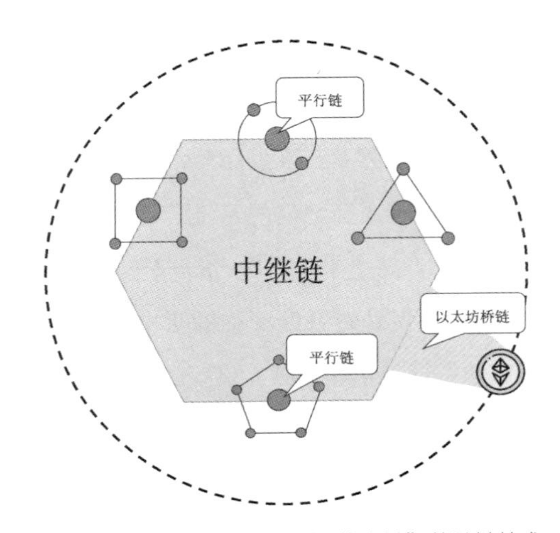

图 11-4 Polkadot 提出的“异构多链”的跨链技术

另外一个与国民经济息息相关的多边央行数字货币跨链桥项目（以下简称 mBridge[98]）也在积极探索和使用区块链跨链协议来实现各国央行数字货币的跨境支付。目前，该项目的主要参与方由国际清算银行创新中心中国香港中心、中国香港金融管理局、泰国中央银行、中国人民银行数字货币研究所和阿拉伯联合酋长国中央银行组成。其中，中国人民银行数字货币研究所担任技术小组委员会主席。该项目的目标旨在解决跨境支付中成本高、效率低、可扩展性差等问题，实现各国央行数字货币的发行和回收、监控本国央行数字货币的交易和余额等功能。在技术上，mBridge 采用了一种称为走廊网络（Corridor Network）的技术来实现跨境支付。所有参与的银行以网络节点的形式加入走廊网络，网络中的节点仅由对应的各国中央银行来运行和管理。在该网络中，节点之间通过资产通证化进行点对点的交易，不需要中间账户，由此实现不同国家央行数字货币的跨境转账。其中，双方兑换数字货币的数量也会以存托凭证（Depository Receipt）的形式映射到走廊网络中。

11.5 聊聊 2022 年区块链 50 强榜单

在 2022 年上半年，国内的一些区块链自媒体对 2022 年福布斯发布的全球区块链 50 强榜单进行了翻译与转载。如公众号“福布斯”的《福布斯发布 2022 年全球区块链 50 强，蚂蚁、腾讯、百度等中国企业上榜》[99、100]。

从这篇文章中我们了解到，福布斯于 2019 年首次发布区块链 50 强的榜单。能上该榜单的都是年销售额或市值在 10 亿美元以上的公司。这些公司的业务特点均为将“分布式账本技术”应用到实际的落地项目中。本次区块链 50 强榜单中几乎一半的公司的总部都设在美国以外的地方，其中有 14% 是中国公司。文章还指出，这一年的榜单出现的新趋势是风险投资公司的角色越来越重。比如，风投公司在 2021 年向区块链行业投资了 320 亿美元。

该文章还指出，以前比特币与以太坊等“数字货币”常年霸占着几乎所有的区块链投资新闻的头条，尤其是当“数字货币”市场走牛的时候，但是自从 2021 年 11 月以来，“数字货币”市场遭遇熊市。其实，投机性的“数字货币”是区块链技术最没有技术含量的应用。现在越来越多的公司与跨国公司逐渐将区块链整合到他们的日常运营与产品中。

榜单中的少数几个中国区块链头部公司分别是蚂蚁集团、百度、腾讯与微众银行。这些区块链头部公司的区块链平台分别是蚂蚁集团的蚂蚁链，百度的开源区块链平台超级链（XuperChain），腾讯的区块链平台 ChainMaker、Hyperledger Fabric 和 FISCO BCOS。腾讯 BCOS 是微众银行联合万向区块链、矩阵元共同研发的企业级联盟链底层平台，而腾讯 FISCO BCOS 是基于 BCOS 研发的金融分支版本，也是腾讯系重要的一个底层开源平台。

相比之下，国外上榜的企业，大多数还是与“数字货币”交易相关的公司与交易所，比较知名的国外区块链企业包括 Coinbase 交易所，还有摩根大通、Visa、PayPal、Mastercard 等公司。

另外，在榜单中我们还看到了 NBA。你可能好奇，NBA 为什么会跟区块链扯上关系？其实，NBA 将很多篮球相关的文化制作成 NFT 作品，然后面向广大 NBA 球迷出售，球迷们可以进行收藏或者交易。位于不列颠哥伦比亚省的达珀实验室在温哥华推出了名为 Flow 的区块链提供技术支持，用户可以进行购买、出售和收集 NBA Top Shot。这些记录着 NBA 比赛精彩进球瞬间的 NFT 收藏品，类似于数字卡牌，在球迷中非常受欢迎，比如勒布朗·詹姆斯（LeBron James）扣篮的一个 NFT 卡牌最近以 230 023 美元售出，创最高记录。自 2020 年 11 月以来，有 130 万人创建了 Top Shot 账户，总销售额从 250 万美元飙升至 9.92 亿美元。Top Shot 的巨大成功在联盟内部引发了对密码学通证的广泛好奇。NBA 专门成立了一个区块链小组委员会来评估未来更多的机会，并推出了 WNBA（美国女子篮球联盟）

版本的 Top Shot，而且与“数字货币”交易所 Coinbase 达成了多年的合作关系。

介绍完 NBA 的情况，再继续看这个榜单上的国外区块链企业。当然，论美国的区块链巨头，一定少不了扎克伯格的 Meta 公司。不过迄今为止，人们对 Facebook 元宇宙的技术还知之甚少。另外上榜的知名国外公司还有波音公司、沃尔玛、Twitter、苏富比拍卖公司等。最后，在这个榜单上我们也注意到了来自亚洲的队伍在不断壮大。上榜的亚洲知名公司包括韩国的领军企业三星集团和 Kakao，以及日本的富士通和 LINE 公司。

以上就是笔者对 2022 年区块链 50 强榜单的观察与所思所想。期待 2023 年的区块链 50 强榜单会出现一些令人意想不到的公司。

第12章　未来的展望

12.1　国内外区块链发展路线对比

本节简单对比国内外公链和联盟链的发展路线。目前国内发展较多的是联盟链。但联盟链的生态发展步履艰难，主要原因就是应用生态很弱。虽然区块链有一些项目和产品已经落地，比如长安链、海河智链等区块链项目，但一个问题是，就算把区块链做出来，也会发现没有太多“用武之地”。这样就传达了一个很危险的信号。相比之下，国外的区块链生态发展得非常好，而且越来越火热，现在几乎成了国外互联网创新的一个核心基础。

当区块链技术被提出来的时候，它的第一个产品是比特币，其唯一的目的是实现具有交易转账功能的“数字货币”。事实证明，区块链技术的确成功地实现了支持“数字货币”的目标。但是要注意，区块链技术创立的时候根本没有“联盟链”的概念与领域，只是后来有人把区块链应用到了一些适合联盟链的场景。

其实区块链技术本身也能支持实现各种的去中心化应用，但要基于“数字货币”，或者更严谨一点，基于“密码学通证”的基础做各种各样的 Dapp，包括 NFT、DeFi、社交游戏金融（GameFi）等新型数字经济产物，难度还是较高的。

事实上，国外的区块链技术并不存在“应该应用到哪里”这种疑问。有些基于区块链技术的去中心化应用已经落地，并迅速获得了市场的认可。在如何应用区块链技术这个问题上，我们会发现国内和国外的观点其实是有较大差别的。在未来几年，笔者猜测国内外的区块链技术与相关行业仍然会按照各自的思路与顶层设计各自发展。不过从乐观的方面来说，国内的区块链行业也不是一味地埋头苦干，仍然有一些企业家会“抬头看路”。希望未来国内的区块链行业会走出自己的特色之路。

12.2　区块链的下一个 5 年是什么

从 2017 年开始，我国监管部门开始打击各种不断涌现出来的非法“数字货币”，或者叫“山寨币”。随后，在各种政策的积极鼓励下，区块链技术开始为各行各业赋能，包括金融、供应链、数字政务等。但是，当时一个亟须解决的问题是：基础设施不完善，没有高性能的底层区块链系统。于是，各个头部大厂如腾讯、阿里、华为，还有“国家队”长安链，甚至包括学术界出身的树图（Conflux），纷纷登场建设各自的区块链系统平台。这些头部企业与机构也不负众望，陆续推出了自己的区块链产品。

经过近 5 年的飞速发展时期，区块链基础设施已经相当完善。

接下来，一个新问题也摆在了人们面前：国内区块链技术在接下来的5年会有什么样的发展前景？

虽说区块链赋能了很多行业，但是目前为止，人们仍然没有看到一个杀手级的、属于未来的国产应用。在2021年底举行的CCF中国区块链技术大会（中国计算机学会旗下的区块链技术大会）上，很多与会专家认为元宇宙将是区块链的杀手级应用。但是现在回过头来看，从2022年的第二季度开始，仅仅过去了不到一年的时间，大家对元宇宙的热情似乎突然转冷。2022年下半年的情况好一些，但是元宇宙中有说服力的应用仍然没有面世。

那么，将来区块链技术的杀手级应用与数字经济有关吗？即便现在国内有些链企提出了"无币公链"的概念，但是不论无币公链如何实现，公众可能仍然会好奇：如果一个区块链公链不发行通证，那么这个无币公链如何支持通证经济？无币公链与国内主推的联盟链，它们的应用场景又有哪些差别呢？这些问题值得我们进一步思索。

12.3 Web3发展趋势与展望

Web3将改变当前互联网架构与生态，并解决Web2语境存在的数据隐私泄漏、数据垄断以及算法作恶等问题，让互联网用户真正实现自主管理和拥有数据，帮助用户构建更加开放、安全和普惠的互联网生态。Web3的发展并不仅仅依靠部分群体的技术创新，而是需要大众积极参与，同时更需要社会与国家层面的关注，共同构建更加完善的法律治理体系，为 Web3 的成长提供合适的土壤。本节针对 Web3 的创新发展策略，做出以下几个方面的展望。

12.3.1 建设面向 Web3 的高质量分布式基础设施

分布式基础设施是 Web3 的基石，从技术底层保障了 Web3 的特性。建设高质量的分布式基础设施是最重要的发展战略之一。

分布式账本技术及分布式身份管理系统作为支撑 Web3 体系的基础设施，需要芯片、密码学以及结合物联网的区块链等相关技术的底层技术支持。芯片技术为运算提供了基础，密码学技术保护了用户身份与用户数据隐私，而结合物联网的区块链技术为数据可信和一致性提供保障。

分布式文件系统作为 Web3 应用的内容载体，其高性能和稳定性需要集群负载均衡、分布式缓存等技术的支持。其中集群负载均衡技术能提高分布式网络的带宽，增加吞吐量，加强网络数据处理能力，并提高网络的灵活性和可用性。分布式缓存技术能够高性能地读取数据，动态扩展缓存节点，自动发现和切换故障节点，并自动均衡数据分区。

目前，这些技术的发展还处于初级阶段，需要加强对相关技术的研发投入和产业落地支持。同时，基于这些技术，建设权属清晰、安全可控的分布式基础设施。这里举一个分布式基础设施相关的落地产品的例子，即上海树图区块链研究院日前发布的面向下一代互联网 Web3 的操作系统 Conflux OS。它致力于提供一个即使不懂区块链底层技术也能开发 Web3 应用程序的环境。目前，Conflux OS 搭载图形化的操作界面，能通过对多种区块链共识系统统一调用，向开发者提供开源可复用的开发框架和中间件，并支持 Web3 应用的低代码开发。对开发者来说，Conflux OS 提供了简便上手的开发模块。对普通用户来说，在 Conflux OS 的帮助下，玩转区块链就和目前在互联网上的各种界面操作一样容易[101]。

12.3.2 建立适用于 Web3 的标准与协议

未来的 Web3 将是一个庞大的基于区块链技术的分布式账本网络，并形成多链共存、跨链互通的格局。不同区块链生态的 Web3 用户有天然的交互需求。跨链技术会在这个过程中发挥重要作用，不同技术架构的通信方式需要通过统一的网络标准来构建交互的桥梁。实现跨链交互生态后，有望打破不同区块链之间形成的壁垒。

除了跨链技术，不同区块链生态中的 DID 系统也会有不同的标准，这就要求区块链上层应用的用户采用不同的身份验证途径。然而，这样必将阻碍跨链数据共享，并加剧数据孤岛，而这与 Web3 的理念不符。

可见，类似于 Web2 中的 SSL、HTTP、SMTP、TCP/IP 等协议，Web3 的发展同样需要国际组织为互联网开放协作模式制定对应的标准与协议。政府应为标准制定提供支持，在行业国际标准制定过程中发挥积极作用，尽早帮助 Web3 建立行业通用的协议与标准。

12.3.3 推动 Web3 技术创新是唯一的选择

技术创新对于 Web3 的发展尤为重要，主要包括两个层面：基础层面的分布式基础设施，应用层面的协议与应用。区块链技术被视为一种基础层面的分布式基础设施，允许所有人查看历史交易记录，并添加新的交易记录到节点共同维护的账本中。这些记录被分布在网络的所有参与者之间，以提高数据的安全性和透明度。在区块链系统中，节点作为独立见证人来解决确权的问题。然而，开放性以及中央控制和协调机构的缺失会造成一些不必要的影响，从而在应用层面限制该系统的能力。

Web3 项目需要基于区块链进行开发，而区块链的性能瓶颈制约了 Web3 项目的发展。从过往的区块链项目来看，通过降低用户体验来提高安全性并不能获得用户认可，因此未来想要让 Web3 真正深入人们的生活，并成为一种新的网络形态，就需要加大对区块链技术的持续创新。与中心化平台相比，目前的大多数主流区块链并不适用于要求高吞吐量和低时延的分布式应用，因为大多数区块链系统的吞吐能力仍然很低。因此，高吞吐量和快速交易处理是目前区块链技术需要突破的技术难点。

区块链的可扩展性是另一个需要突破的技术难点，因为现有的一些区块链平台（例如以太坊）在面临大量交易时会遇到性能瓶颈。目前，区块链扩容方案主要包括：分片技术、侧链、Layer2 方案如 Plasma 与 Rollup 等。

- 分片技术通过将网络负载分散到多个分片上，从而提升区块链的整体性能；同时分片可以并行处理交易，因此可以减少交易确认的时间。它在一定程度上解决了区块链可扩展性“不可能三角”的问题，从而达到了比较好的平衡。因为每一个分片链都有自己的共识机制和验证者组，所以分片技术被看作在保证去中心化与安全性的前提下，能够提升可扩展性的区块链扩容技术。
- 侧链是运行在主链旁边的区块链，它们可以有自己的共识算法和处理速度。主链上的资产可以移动到侧链上进行操作，然后再移回主链。
- Layer2 解决方案的主要思想是将一部分计算和数据处理从 Layer1 转移到 Layer2，以减少主链（Layer1）的负担，并提高其可扩展性。通过这种方式，Layer2 解决方案能够处理更多的交易，降低交易费用，并提供更快的交易确认。例如，状态通道（State Channel）允许参与者在链下进行无限次数的交易，交易完成后只需将最终状态提交到链上。这大大减少了需要写入链上的交易数量。
- Plasma 是一种在以太坊上创建子链的框架，这些子链可以并行处理交易，然后将结果提交到以太坊主链。
- Rollup 是一种将多个交易打包成一个单独的证明，然后将其提交到链上的方法。这样可以大大减少链上的数据存储需求，从而提高交易处理速度。

上述的每种扩容方案都有其优缺点，需要结合多种方法来解决区块链的扩展性问题。许多区块链项目正在探索和实施这些技术以提高其网络的可扩展性。

在共识协议方面，PoW 共识机制在区块链中起着关键作用，它被用于解决区块链网络中的双重支付问题和不同历史版本的冲突问题。但是，像 PoW 这种依赖算力的方式可能导致电力和计算资源的大量浪费。在权益证明（PoS）中，网络中的节点根据其持有的通证数量（或“股份”）被选为验证交易或创建新块的角色。这大大减少了需要的计算资源，但也有可能导致“富者愈富”的问题。委托权益证明（Delegated Proof of Stake，DPoS）是 PoS 的一个变种，其中通证持有人可以将他们的股份委托给其他节点来代表他们进行验证和创建新块。这使得系统更有效率，但也降低了去中心化的程度，因为只有少数几个被委托的节点会控制大部分的权力。Paxos 和 Raft 是分布式系统中用来达成一致性的经典算法，主要用于传统的计算系统，而不是区块链。这些算法确实复杂，而且需要所有的节点都可信，因此在开放、不信任的环境（如区块链）中使用它们会有困难。除 PoW 之外的其他共识算法在理论和实践上都可能存在问题。它们需要考虑一系列的权衡因素，如安全性、去中心化、效率和公平性。共识算法的设计和选择是区块链技术中的一个复杂且重要的问题，相关领域至今仍在持续的研究和发展中。

智能合约是支撑 Web3 世界中各种去中心化应用的核心，它可以自动地执行预定业务逻辑，减少欺诈，并为新的商业模式提供支持。因此对智能合约进行持续创新也是必要的。可行的创新路径大体描述如下。

- 技术人员应该开发“更加智能”的智能合约语言，最好能做到可以从语言设计层面避免合约代码的漏洞，这样可以降低被黑客攻击的风险。
- 如果做不到第一点，则应该至少制定一系列的智能合约编写规范与编程标准，对合约的合规性和安全性进行充分检查，确保 Dapp 业务逻辑不会遇到突发恶意事件的威胁。

结束语

Web3 构建了一个允许所有参与者共建共享、安全可信的价值互联网。用户通过 Web3 的分布式架构，实现自主可控的价值转移，真正帮助用户实现“价值拥有”。

本书从区块链技术出发，结合元宇宙、NFT、DAO 等概念，对基于区块链的 Web3 生态进行了充分探讨，并展望了 Web3 的未来发展趋势。

作为我国近年来大力扶持的新兴技术，区块链是构建 Web3 与元宇宙的引擎。本书重点阐述了区块链技术如何赋能 Web3、元宇宙、NFT、DAO，并自底向上地从各个角度对 Web3 生态做了详细的剖析。

从技术的角度看，国内 Web3 的相关研究起步较晚。在推进 Web3 的发展过程中，应该借鉴业界前沿的项目和技术，取长补短，抓住历史绝佳机遇，加快建设下一代互联网。从国家发展的角度来看，需要相关部门多一些开放包容的心态，鼓励 Web3 技术创新，同时制定相关的法律和监管政策，保障 Web3 的可持续发展。

Web3 与元宇宙代表着未来的互联网，它们的概念内涵和应用领域还在不断地丰富和扩展。Web3 与元宇宙在带给用户新奇体验的同时，也将带来更多的机遇和挑战。我们应该抓住这个时代的机遇，并坦然面对各种挑战。

我国互联网行业若想在未来二三十年内不落后于时代，不仅需要社会各个层面的有志之士明辨方向、有序竞争、创新引领，也需要来自业界、学界以及监管部门的集思广益与通力协作。

种一棵树最好的时间是十年前，其次是现在。区块链技术已经在这片土地上生根发芽，Web3 也必将枝繁叶茂！

第六部分

附　录

附录 A　区块链项目列表

附录 B　Web3 项目列表

附录 C　元宇宙项目列表

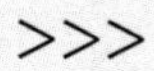

附录A 区块链项目列表

A.1 智能合约项目

- **以太坊**。以太坊是一个开放的区块链平台，使开发人员能够构建和部署智能合约和 Dapp。智能合约是以太坊的一大核心特性。智能合约的条款在当事人达成一致后就会被直接编写成代码。然后，合约在满足某些条件时自动执行，从而使得处理过程变得更加透明，降低了欺诈的可能性。它们可以在没有任何第三方的情况下执行交易，无须中介机构。以太坊平台上的应用案例非常多，主要包括：去中心化金融（DeFi）、数字艺术品（NFT）、去中心化自治组织（DAO）、供应链跟踪、电子投票系统等。

- **超级账本（Hyperledger）**。超级账本是一个由 Linux 基金会推出的开源工具，其目标是推进跨行业的区块链技术。超级账本提供了一个供开发者和企业创建、部署和运行区块链应用的基础架构。超级账本最大的特点之一是具有模块化和可插拔性。这意味着超级账本可以满足各种不同的场景需求，比如供应链管理、医疗记录管理、跨境支付、金融服务等。另外，超级账本可用来支持大规模、复杂的业务操作，以及与现有系统的集成。在超级账本中，有几个项目比较知名，例如 Hyperledger Fabric、Hyperledger Besu 等。Hyperledger Fabric 是一种许可型的区块链平台。与公链（比如比特币和以太坊）不同，许可型区块链只允许已授权的参与者加入网络。Hyperledger Besu 则是一个兼容公链和许可链的平台。

- **Chainlink**。Chainlink 是一种安全的区块链中间件，由旧金山金融科技公司 SmartContract 在 2017 年 6 月推出。它的目标是通过允许智能合约访问关键的链外资源来增强区块链的功能性。然而，智能合约的一个挑战是，它们通常只能访问区块链内部的数据和功能，而无法直接访问外部数据源，如传统数据库、API 接口或支付系统。为了解决这个问题，Chainlink 的开发人员创建了一个分布式的 Oracle 网络。Oracle 是指连接区块链与外部世界的桥梁，它可以提供外部数据给智能合约，并将智能合约的结果返回到区块链中。Chainlink 的 Oracle 网络由多个节点组成，这些节点安全地获取、验证和提供外部数据给智能合约。Chainlink 还提供了安全的数据馈送功能，即将外部数据通过加密手段进行保护，确保数据在传输过程中不会被篡改。这使得智能合约可以在安全可靠的环境中使用外部数据。

- **侧链（sidechain）**。楔入式侧链技术（pegged sidechain）最初由 Blockstream 公司提出和开发。Blockstream 是一家专注于区块链技术和“加密货币”的公司，致力于解决比特币的可扩展性和功能性问题。侧链技术是他们提出的解决方案之一，旨在为比特币网络提供更大的灵活性和扩展性。楔入式侧链技术是一种允许数字资产在多个区块链之间进行转移的技术。它的目标是实现不同区块链网络之间的互操作性，使用户可以在不同的“数字货币”系统之间进行转移资产的操作，同时保留其原始资产的价值和安全性。通过侧链技术，用户可以将比特币或其他数字资产锁定在一个主链上，并在侧链上生成相应数量的通证，这些通证可以在侧链上进行交易和使用。当用户想要将资产转回主链时，他们可以销毁侧链上的通证，并解锁相应数量的原始资产。

- **NEO**。NEO 是一个开源的区块链项目，旨在实现资产的数字化和智能经济。NEO 项目于 2014 年启动，并从 2015 年 6 月开始在 GitHub 上进行实时开源。NEO 的一个重要特点是支持多种编程语言，包括 C#、Java、Python 等，这使得开发者可以更轻松地构建和部署智能合约。它利用区块链技术和数字身份验证及智能合约来管理数字资产并实现自动化管理。NEO 的目标是将现实世界中的资产和权益数字化，并通过点对点网络进行登记发行、转让交易、清算交割、股权众筹、股权交易、债权转让、供应链金融等领域的去中心化网络协议。

- **ETC**。The DAO（去中心化自治组织）是一个基于以太坊区块链的智能合约项目，旨在实现去中心化的投资和融资。然而，在2016年6月，The DAO合约遭到黑客攻击，导致大量以太币（ETH）被盗。这个事件引发了以太坊社区的一系列讨论和争议。作为应对措施，以太坊开发团队决定通过修改以太坊软件的代码来"夺回"被黑客控制的DAO合约中的资金。于是，在2016年7月，开发团队通过一次硬分叉（hard fork）的方式进行了以太坊的升级。在第1 920 000个区块处，以太坊软件的代码被更改，使DAO中的被盗资金被转移到一个特定的退款合约地址。然而，这个决定引发了以太坊社区内的分歧。一部分人认为通过修改区块链的代码来逆转交易违背了区块链的不可逆性原则，并且对去中心化的信任产生了疑问。这些持不同意见的人选择继续支持原始的以太坊区块链，形成了以太坊经典（Ethereum Classic, ETC）这条分叉链。另一部分人则支持硬分叉后的新链，也就是现在被称为以太坊（Ethereum, ETH）的主链。

- **卡尔达诺**。卡尔达诺是一个"数字货币"项目，旨在构建区块链3.0，并且是完全开源的。该项目由以太坊的联合创始人查尔斯·霍斯金森（Charles Hoskinson）等人创立。卡尔达诺的目标是开发一个比以往任何其他协议都更先进的智能合约平台。为了实现这一目标，卡尔达诺采用了分层架构，其中一层专注于交易和结算功能，而另一层则专注于智能合约的计算。这种分层设计旨在提高系统的灵活性和可扩展性。在共识机制方面，卡尔达诺使用了一种名为 Ouroboros 的共识算法。Ouroboros 是基于权益证明（Proof-of-Stake, PoS）的共识机制，它可以被认为是委托权益证明（delegated PoS）的一种变体。PoS 共识机制允许通证的持有人通过验证区块链上的交易来创建新的区块，并获得相应的奖励。PoS 共识机制旨在降低 PoW 机制带来的能源消耗问题的影响，并减少对专门计算硬件的需求。

- **Synereo**。Synereo 是一个 Dapp 的首选平台，旨在构建一个基于注意力经济体系之上的对等、分布式社交网络，而不依赖于第三方机构。在 Synereo 的生态系统中，每个终端用户都是这个网络的所有者。注意力经济体系是指将注意力作为一种资源进行价值交换和分配的经济模型。在传统的社交网络中，用户产生的注意力和价值往往被平台掌握和垄断。而在 Synereo 的生态系统中，用户的注意力和价值得到了更加公平的分配。这意味着网络的所有权归属于其中的每个终端用户，每个用户都可以参与到网络的决策和治理中。

- **Quorum**。Quorum 是由美国金融机构摩根大通（J. P. Morgan）推出的企业级分布式账本和智能合约平台，可看作企业版的以太坊。Quorum 是基于以太坊分布式账本协议开发而成，旨在满足企业级应用的性能要求，并提供私有智能合约执行方案。它通过一套区块链架构，适用于需要处理高速和高吞吐量的联盟许可间私有交易的应用。Quorum 的设计目标是为金融服务行业提供一个安全可信的许可链解决方案，以支持交易和合约的隐私性。它提供了一些额外的隐私功能，例如零知识证明（zero-knowledge proof）和私有交易，以满足金融机构对数据保密性和合规性的需求。

- **彩色币（Colored Coin）**。彩色币是指通过对比特币进行特定的标记或扩展，将其与其他比特币区分开来，并赋予其特定的属性和价值。彩色币的概念允许比特币的使用者创建和交易代表现实世界资产或特定权益的数字通证。通过在比特币交易中嵌入元数据，彩色币可以表示某种特定的资产或属性，例如代理、聚集点、商品证书等。彩色币本身依赖于比特币的底层基础设施，因此存储和转移不需要第三方介入。这使得彩色币的交易具有去中心化和不可逆转性的特点，同时也提供了更大的透明度和安全性。通过彩色币，可以为现实世界中难以通过传统方式去中心化的事物铺平道路。

A.2 主流 NFT 创作平台

- **Loot**。Loot 的实质是一个黑色背景的文本文件，其中包含一组随机生成的冒险家战利品的名称。这些战利品是在 Loot 项目启动时免费生成的，任何人都可以获得它们。Loot 的创始人是多姆·霍夫曼（Dom Hofmann），他是 Twitter 旗下短视频共享应用 Vine 的联合创始人。值得注意的是，霍夫曼并没有设置任何二次销售费用，也没有对 Loot NFT 的使用方式施加限制。霍夫曼允许社区以参与者想要的任何方式使用 Loot NFT，并且不必受他的影响。这种开放的使用政策使得 Loot NFT 的所有权和使用权完全取决于持有者和社区的决定。

- 加密朋克（CryptoPunk）。加密朋克是由 Larva Labs 创建的一系列 NFT 收藏品。这个系列包括 10 000 张像素化头像，包括僵尸、猿和外星人等，每个头像都是独一无二的。每个加密朋克头像都具有独特的特征，如发型、表情、配饰等。像素化的风格设计使其具有独特的视觉魅力。同时，这些加密朋克头像通过以太坊区块链上的 NFT 技术进行所有权和交易验证。由于其稀缺性和独特性，加密朋克成了数字艺术和加密收藏品市场中备受关注的项目。

- Axie Infinity。受《精灵宝可梦》的启发而开发的 Axie Infinity 是一个基于以太坊区块链的数字宠物世界。在 Axie Infinity 中，玩家可以拥有、培养和交易的虚拟生物称为 Axie，它们是可爱且独特的数字宠物，每个 Axie 都有自己的特征、技能和属性。玩家可以通过与其他玩家对战、完成任务和参与游戏内生态系统的活动来进一步培养和发展他们的 Axie。玩家在 Axie Infinity 中的活动可以赚取游戏内的通证奖励，这些通证称为 Small Love Potion（SLP）。SLP 是 Axie Infinity 的原生通证，它可以用于各种用途，包括繁殖新的 Axie、交易和奖励玩家。

- **达珀实验室**（Dapper Labs）。达珀实验室是一家成立于 2018 年 2 月的公司，其使命是通过有趣的游戏向消费者介绍区块链技术的价值，促进世界变得更加开放和值得信赖。该公司也是 2017 年全球热门的“谜恋猫“（CryptoKitties）NFT 产品背后的团队。在 2018 年，达珀实验室从母公司 Axiom Zen 中分拆出来，并完成了 1200 万美元的融资。2021 年 3 月 30 日，达珀实验室再次获得了 3.05 亿美元的融资，投资者包括包括篮球明星迈克尔·乔丹和凯文·杜兰特在内。达珀实验室还是 NFT 区块链协议 Flow 的开发者。他们利用 Flow 打造了一系列现象级的 NFT 产品，其中包括 NBA Top Shot，这是一个基于区块链的数字藏品平台，让球迷可以拥有和交易 NBA 联赛的官方数字藏品。达珀实验室通过创新的游戏和 NFT 产品，以及与知名品牌和明星的合作，推动了区块链技术在娱乐和数字资产领域的应用和普及。

- **AOTAVERSE**。AOTAVERSE 是中国香港的第一个以人工智能生成的 3D 机械骨骼系统 GameFi+NFT 项目。该项目的核心是围绕着 6666 个半算法生成的 AOTA NFT。AOTAVERSE 背后的团队由来自艺术设计、人工智能、区块链等领域的专家组成，实力强劲。该项目之前已经获得了千万级的投资，并购买了 Sandbox 土地，为 GameFi 打下基础。此外，AOTAVERSE 还与 Llamaverse、Laid Back Llamas、X Rabbits Club、LaserCat 等热门项目达成了合作。

- **Only1**。Only1 是建立在 Solana 生态系统上的 NFT 社交平台。它将社交媒体、NFT 市场、可扩展的区块链技术和本地通证 LIKE 结合在一起，旨在连接“粉丝”和创作者。创作者可以通过平台展示和销售他们的作品，并与“粉丝”进行交流和互动。“粉丝”则可以收集和支持自己喜爱的创作者的 NFT 作品。Solana 区块链的可扩展性使得 Only1 平台可以处理大量的交易和互动，为用户提供流畅的体验。通过整合 NFT 和社交功能，Only1 为用户创造了一种全新的数字艺术和社交体验。

A.3 钱包支付

- **BitPay**。BitPay 是一个面向商户的支付解决方案，专门用于处理比特币的支付交易。它被一些人称为比特币的 PayPal。

尽管 BitPay 在处理比特币支付方面类似于 PayPal 在传统货币支付方面的作用，但两者之间仍存在差异。BitPay 专注于比特币的支付和转换服务，PayPal 则提供更广泛的在线支付和转账解决方案，并支持多种传统货币的交易。商户可以使用 BitPay 接收消费者使用比特币支付的款项。当消费者使用比特币支付时，BitPay 将处理这些交易，并将款项转换成商户所使用的货币。这使得商户可以接受比特币支付，而不必直接处理比特币本身。作为服务提供商，BitPay 收取 0.99% 的手续费，并将转换后的款项支付给商户。这样，商户就可以方便地接受比特币支付，并在需要时将其转换成自己所使用的货币，从而避免了与比特币的直接交互和风险。

- **LedgerWallet**。Ledger 是一家著名的比特币硬件钱包制造商，在“数字货币”安全领域被认为是技术领先的公司。该公司提供可信赖的硬件解决方案，旨在为消费者和企业提供支付安全保障。在 2015 年的种子轮融资中，Ledger 筹集到了 130 万欧元的资金。这为他们的发展提供了初步的资金支持。2016 年，Ledger 采用了可信执行环境（trusted execution environment, TEE）和硬件安全模块（hardware security module, HSM）解决方案，可确保私钥的安全存储和加密操作，并保护用户的数字资产免受恶意攻击。这意味着该公司开发了一种安全的硬件环境，使得数字资产的存储和交易更加安全可靠。

- **BitGo**。BitGo 是一家总部位于加利福尼亚帕洛阿尔托的数字资产信托和安全公司。该公司提供多重签名比特币钱包服务，其中密钥分给多个所有者以管理风险。BitGo 还作为比特币的唯一托管人，该比特币的令牌化形式，即 Wrapped Bitcoin 或 WBTC，可以在以太坊区块链上交换。

- **Xapo**。Xapo 是一家比特币安全存储服务公司，专注于提供安全的比特币存储和交易解决方案。该公司的 CEO 是文斯·卡萨雷斯（Wences Casares），他也是比特币领域的早期投资者之一。Xapo 曾被《纽约时报》的作者纳撒尼尔·波普尔（Nathaniel Popper）赞为有发展潜力的优秀公司。这种评价证明了 Xapo 在比特币领域的知名度和影响力。

A.4 文件存储

- **IPFS**。IPFS（全称 InterPlanetary File System，直译为“星际文件系统”）是一个面向全球的点对点分布式版本文件系统，旨在为互联网提供一种替代超文本传输协议（HTTP）的新方式。它的目标是将拥有相同文件系统的计算设备连接在一起，以便更有效地存储和访问数据。IPFS 的工作原理是通过基于内容的寻址来替代传统的基于域名的寻址。在 IPFS

中，用户寻找的是存储在某个地方的内容，而不是特定的地址。每个文件和数据均通过其内容的哈希进行唯一标识，这使得内容可以根据其哈希进行快速且准确的定位。IPFS 的设计理念是去中心化和点对点的交互方式，这意味着文件和数据可以从网络中的任何节点获取，而不依赖于特定的服务器或中心化的架构。这样可以提高网页的速度、安全性和可靠性，并使其具有更长久的存储能力。IPFS 的引入为分布式存储和共享数据提供了一种新的方法，它在许多领域都有潜在的应用，包括去中心化应用、数据存储、版本控制等。通过 IPFS，用户可以更方便地共享和访问内容，并促进了更开放、更可靠的互联网体验。

- **Filecoin**。Filecoin 是一个由区块链和本地通证支持的去中心化数据存储网络。Filecoin 的区块链基于一种称为“时空证明”的新型证明机制。在 Filecoin 网络中，区块链由存储数据的矿工创建。Protocol Labs 最初于 2014 年提出了 Filecoin 网络的概念，并在 2017 年对其进行了重大改进。Filecoin 和 IPFS 是互补的协议，都是由 Protocol Labs 创建的项目。IPFS 是一种点对点的分布式文件系统和存储技术，允许对等节点之间存储、请求和传输可验证数据，而 Filecoin 则是基于 IPFS 的去中心化存储项目。可以将它们之间的关系类比为区块链与比特币之间的关系，Filecoin 的诞生是为了支持 IPFS 的发展，而 IPFS 的广泛应用也对 Filecoin 的需求提供了支持。随着 IPFS 的使用增加，对 Filecoin 的需求也会增加，而随着 Filecoin 矿工的增加，对 IPFS 的支持也会增强。这种相互支持和依存关系促进了 Filecoin 和 IPFS 共同构建一个去中心化的存储和传输生态系统。

- **Storj**。Storjcoin X（SJCX）是 Storj 网络的通证，被称为“燃料”，用于 Storj 网络中的存储空间租赁和购买。用户可以使用 SJCX 通证在 DriveShare 应用和 MetaDisk 上进行存储空间的交易。Storj 网络是一个去中心化的存储网络，基于区块链技术和点对点网络。它允许用户将未使用的存储空间出租给其他用户，并从这些租赁中获得收益，同时也可以购买其他用户提供的存储空间。2022 年 11 月 28 日发布的图形用户界面（GUI）使得 SJCX 受到了广泛的关注，从而使用户更容易地使用 Storj 网络。

- **MaidSafe**。MaidSafe 公司成立于 2006 年 2 月，旨在通过完全去中心化的架构替代昂贵的数据中心，构建一个全球范围内任何人都可以访问的去中心化存储平台。通过将数据复制到多个节点并使用算法协调和兼容性控制，用户的数据可以得到更好的保护，网络的可靠性也得到了提升：即使有一两个节点因网络原因中断，网络仍具有冗余性和安全性。

A.5 Layer2 项目平台

- **Polygon**。Polygon 是一个去中心化的以太坊扩展平台，旨在帮助开发人员构建可扩展且用户友好的 Dapp，同时降低交易费用，而无须牺牲安全性。以太坊作为一个智能合约平台，因其活跃、繁荣、规模庞大的开发者社区和功能强大的智能合约而备受青睐。然而，随着以太坊的广泛使用，网络的拥堵和高交易费用也成为了一个挑战。通过使用 Polygon，开发人员可以构建基于以太坊的 Dapp，利用 Polygon 的扩展层，降低交易费用并提高吞吐量。这使得 Dapp 更具可用性，并可为用户提供更好的使用体验。

- **Optimism**。Optimism 是一种基于以太坊的二层扩容解决方案，旨在通过 Optimistic Rollup 技术，将计算和交易的处理从主网（Layer1）转移到二层网络（Layer2）来扩展以太坊网络。Optimism 的目标是提高以太坊网络的吞吐量和可扩展性，同时降低交易费用。通过使用 Optimism，用户可以享受更快的确认时间和更低的交易费用，同时能够与以太坊主网进行互操作。

- **StarkWare**。StarkWare 是一家总部位于以色列内坦亚市的区块链隐私解决方案提供商。该公司的两位联合创始人埃利·本－萨松（Eli Ben-Sasson）和亚历山德罗·奇萨

（Alessandro Chiesa）也是 Zcash 的创始成员。他们的主要目标是推广以色列理工学院开发的 ZK-STARK 技术，这是一种突破性的区块链隐私解决方案。ZK-STARK 是一种基于零知识证明的协议，用于保护区块链上的信息隐私。它具有将海量数据压缩为较小样本的能力，并且比量子计算更高效、透明和安全。这项技术的一个重要优势是在证明隐私信息的同时，能够确保计算的完整性，而无须消耗大量计算资源。

- **Arbitrum**。Arbitrum 是一种 Rollup 扩展解决方案，类似于 Optimistic Rollup，属于欺诈证明（fraud-proof）的范畴。Arbitrum 使用多轮互动协议来解决争议，将规模庞大的争议细分为小的争议，并通过以太坊合约来确定最关键的那一步是否正确。Rollup 是一种以太坊的二层扩容解决方案，旨在通过在二层网络上聚合和压缩交易数据来提高以太坊网络的吞吐量。Optimistic Rollup 和 Arbitrum 都是 Rollup 扩展解决方案的变体。在 Rollup 方案中，交易数据和状态转换会在二层网络上进行处理，而最终结果会提交给以太坊主网进行验证。这种方法可以提高整个系统的效率，并在需要时保持对以太坊主网的安全和可靠性。

- **Aptos**。Aptos 是一个快速、安全地执行交易的区块链，它原生集成了 Move 语言。Move Prover 是用 Move 语言编写的智能合约的正式验证器，为合约的不变性和行为提供额外的保障。这种关注安全性的方法使开发人员能够更好地保护其软件免受恶意实体的攻击。Aptos 的数据模型支持灵活的密钥管理和混合托管选项。通过将交易签名前的透明性与轻客户端协议的实用性相结合，它提供了更安全、更可信赖的用户体验。为了实现高吞吐量和低延迟，Aptos 区块链采用了流水线和模块化方法来处理交易。具体而言，指交易传播、区块元数据排序、并行交易执行、批量存储和账本认证等关键阶段同时进行。

附录B Web3项目列表

- **Agora Space**。Agora Space 的愿景非常引人注目。它将区块链技术与现有的社交媒体平台相结合，可以提供一种全新的方式来升级 DAO 和 Social Token 社区。区块链技术和智能合约在创建 DAO 时起着关键作用。DAO 是完全透明的、自我管理的组织，其决策过程完全在区块链上运行，无须第三方干预。DAO 通常使用通证投票进行决策，这就是 Social Token 的起源。Social Token 可以赋予社区成员特定的权利，例如参与决策、获取收益等。Agora Space 能将这两个概念与我们熟知的社交媒体平台（如 Discord、Twitter 等）相结合，这意味着它可能会创建一个更为开放、透明和民主的网络环境。社区成员可以更直接地参与社区的管理和决策，而不仅仅是作为被动的接受者。Agora Space 的愿景是通过创建无须付费、多链以及平台无关的解决方案来推动 Web3 的采用，而不会牺牲去中心化或隐私。

- **Forefront**。Forefront 的愿景是成为引领 Web3 创新和所有权经济的领先平台，通过提供一系列强大的工具和服务，如读写能力、部落和其他有用的工具，来赋能 Web3 的建设者和社区。这个愿景基于对通证化社区的信心，Forefront 认为这将改变我们对于金钱、价值和协作的理解和使用方式。Forefront 能够提供强大的读写能力，这意味着它能够与区块链进行交互，读取链上的数据，也能够写入数据到链上。这使得用户能够在 Forefront 上直接进行通证交易、参与 DAO 投票等操作，提高了用户体验。此外，Forefront 提供了部落功能，这是一种新的组织形式，它更接近于自组织的社区，而非传统的公司或机构。用户可以在 Forefront 上创建或加入部落，与志同道合的人一起探索、学习和合作。

- **Unlock**。Unlock 的愿景是成为一个能够帮助创作者实现去中心化盈利的协议。它不仅是一个工具，更是一个可以被广泛应用于各种场景的开放协议。对于创作者来说，他们可以通过 Unlock 协议，对文章、电子书等进行付费专区设置，用户只有购买了特定的访问权限（可能是通过购买特定的通证）才能访问。新闻机构或独立记者可以通过 Unlock 协议设置付费订阅服务，用户需要购买访问权限才能阅读文章。软件开发者可以通过 Unlock 协议设置软件许可证的购买和验证系统，用户需要购买许可证才能使用软件。Unlock 的使命是从中间人手中收回订阅和访问权限，将其转变为网络的基本商业模式。这意味着在 Unlock 协议的帮助下，创作者可以直接与用户进行交互，无须通过第三方平台。这样不仅可以降低成本，也可以让创作者有更大的自由度来控制他们的内容和服务。

- **Snapshot**。Snapshot 的出现确实解决了在去中心化治理中遇到的一些主要问题。在许多 DAO 和其他基于区块链的治理系统中，进行投票或创建提案通常需要支付一定数量的 gas 费，这可能会成为参与治理的一个阻碍。而 Snapshot 的设计则允许用户在没有 gas 费的情况下进行这些操作，从而降低了参与治理的门槛。Snapshot 的另一个重要特点是它的灵活性，其系统支持各种投票类型和策略，这意味着用户可以根据自己的需要定制投票流程。这种灵活性使得 Snapshot 可以适应各种不同的治理需求和场景。

- **Coinvise**。Coinvise 是一个致力于使创作者和社区能够更好地利用社交通证的平台。创作者可以在 Coinvise 上创建自己的社交通证，设定固定供应量、联合曲线或归属时间表。并且，Coinvise 平台不会对铸造的通证进行任何削减。同时，创作者可以通过 Coinvise 的可索取链接功能，在社交媒体或私人渠道上空投他们的社交通证。这是推广社交通证和增加其流通量的一个非常直接、有效的方式。创作者还可以利用 Coinvise 的开放社交图谱功能，寻找和发展自己的社区，并与其他创作者进行交流和合作。Coinvise 的设计充分考虑了创作者和社区的需求，并提供了一种便捷的方式来发行和管理社交通证，同时也为社区的活跃和发展提供了支持。

- **BBS**。公告板系统（bulletin board system, BBS）的概念赋予了网络用户更高的控制度和所有权。这不仅是一个让用户进行交流的论坛，而且是一个去中心化的、用户拥有和控制的平台。任何人都可以在任何主题上创建自己的BBS，并在自己的域上运行。这意味着用户可以完全控制他们的BBS，包括选择主题、管理内容，甚至设置访问权限。同时，在BBS上，每一个帖子都是一个NFT。这意味着帖子是唯一的，可以被创建、购买和出售。

- **Sound**。Sound是一种致力于解决音乐行业核心问题的创新解决方案。当前的音乐市场存在极度的资源不平衡，90%的流媒体收听量流向了排名位于前1%的艺术家。这意味着大多数歌曲和艺术家很难得到公众的注意和支持，这会进一步导致他们的音乐作品被边缘化。此外，在现有的音乐流媒体平台上，艺术家从每首歌曲中赚取的收入流通常非常微小。即使是非常有才华的艺术家，也可能因为收入过低而难以维持生计。因此，Sound拟通过其平台来打破这种不公平的局面，帮助更多的艺术家从他们的音乐中获得收益和回报。具体的实施方式和策略包括用区块链技术实现透明的音乐销售和版权管理，以及社交通证和NFT等新的经济模型。

- **Treasuerland**。Treasureland是一个支持跨链操作的NFT平台，提供NFT发行、交易、拍卖和量身定制的服务。

- **RSS3**。RSS3是一个基于Web3的内容订阅协议。通过使用区块链技术，RSS3允许用户拥有他们发布的内容的所有权，从而可以通过销售、许可或其他方式来获取收入。这种协议可以帮助用户在网络上创建、发布和订阅内容，从而让信息的发布和获取更加便捷。RSS3可以在不同的网络和平台之间进行索引，从而让用户能够轻松地跟踪和订阅他们感兴趣的内容。与传统的RSS不同，RSS3还支持社交网络功能，这意味着用户不仅可以订阅内容，还可以与内容创建者和其他用户进行互动。此外，RSS3还支持Web3 Pass（Hoot It）作为Web3用户的配置文件。在短短的十天内，Web3 Pass已经吸引了超过7000名用户，并有40万次的浏览量。同时，RSS3也与Mask Network、Mirror和Arweave等项目进行了合作，以共同推动Web3的发展。这些合作可能会在内容发布、社交互动和权益管理等方面引入创新和新机会，从而为用户提供更加丰富和个性化的网络体验。

- **Mirror**。Mirror是一个为Web3设计的在线发布平台，其设计理念是突破传统的在线写作界限，为Web3的内容创建者提供一个强大的工具集。Mirror提供了一种强大的编辑器，用户可以通过它来创建、编辑和发布各种内容，包括白皮书、社区更新、博客文章等。这个编辑器充分考虑了Web3的特点和需求，从而提供了许多创新的功能，比如嵌入NFT，并与DAO和多重签名进行协作。通过Mirror提供的功能和工具，内容创建者能够更好地表达他们的想法，分享他们的知识和经验，同时也能够从他们的作品中获取回报。

- **Yup**。Yup 协议是一种社交共识协议，通过一种鼓励用户高质量评论的机制，在互联网之上构建了一种全新形式的社交网络基础设施。该协议确定各种内容的社交价值，从随机推文到罕见的 NFT，并奖励用户创建和策划此类内容。Yup 网络旨在准确地评估和展现互联网上任何东西的社交价值，使用户能够获得与其贡献的价值相匹配的奖励。

- **Myriad**。Myriad 是一个构建在现有 Web2 社交媒体平台之上的 Web3 层。作为一个 Web3 应用，Myriad 采用了去中心化的设计，这意味着它不依赖于任何中心服务器或者机构，而是利用区块链技术来运行和管理。Myriad 的一个独特之处在于它可以将任何主流的社交媒体账户转变成一个钱包。这意味着用户可以直接在社交媒体上给他们喜欢的内容或者创作者打赏。Myriad 被设计为兼容主流社交媒体平台，这让用户可以在一个统一的界面上关注他们在不同平台上的所有喜爱的内容。通过这种方式，Myriad 试图在 Web2 和 Web3 之间架起一座桥梁，将传统的社交媒体平台和区块链技术有机地结合起来，从而为用户提供一种全新的、更自由和去中心化的社交体验。

- **POAP**。POAP（全称是 Proof of Attendance Protocol，直译为"出勤证明协议"）是一个基于区块链的系统，用于创建、分发和验证线上或线下的数字出席证明。每个 POAP 代表了一个独特的事件或体验，可以作为纪念品或者收藏品。POAP 可以为特定事件或体验创建独特的数字纪念品。这些事件或体验可能包括参加一次特别的线上聚会、出席一次音乐会或者参与一次特别的社区活动等。因为 POAP 是在区块链上创建的，所以它们提供了持久性的记录，即使在许多年之后也可以验证。POAP 不仅仅是一个纪念品，而且还可以用作访问特定事件或服务的通行证，或者在各种各样的游戏和应用中作为一种独特的标识。这使得 POAP 成为了一个开放的、可扩展的平台，可以开启各种新的可能性。此外，POAP 可以用来增强和激活社区，让成员能够共享和庆祝他们共同参与的事件。这使得 POAP 成为了构建和维护强大社区关系的有力工具。

- **Galxe**。Galxe 是一个为 Web3 提供证书数据网络的平台，为全球开发者、品牌商和社区提供合作凭证的基础设施。Galxe 旨在创建一个开放和协作的凭证数据网络，让所有 Web3 的开发者都能访问。这样的基础设施可以推动 Web3 的发展，通过使凭证数据变得更易于管理和访问，帮助开发者创建更好的 Web3 产品和服务。Galxe 设计了一个奖励系统，以激励更多的用户管理数据网络。每当凭证数据被用于 Galxe 的应用模块、凭证 Oracle 引擎或凭证 API 时，开发者都会获得奖励。这种机制不仅可以鼓励更多的人参与网络的管理，而且还可以为数据管理者提供一种可靠的收入来源。

- **.bit**。.bit 是一种基于 Nervos CKB 的去中心化应用，提供了一个开源的、去中心化的、跨链的账户系统。.bit 提供了全球唯一的、以 .bit 为后缀的命名系统。这种系统可以在许多不同的应用场景中使用，包括“数字货币”转移、域名解析和身份验证等。.bit 是第一个具有广泛兼容性的去中心化账户系统。用户可以使用任何公链地址，甚至电子邮件，来注册和管理他们的 .bit 账户。这种灵活性使 .bit 能够在不同的区块链平台之间提供无缝的互操作性。.bit 运行在 Nervos Common Knowledge Base（CKB）上，这是一个使用未花费的交易输出（Unspent Transaction output, UTXO）模型和 PoW 共识机制的开放架构公链。所有的 .bit 账户和相关记录都存储在这个无须许可的区块链上，这使得 .bit 能够提供可靠的、去中心化的服务。

- **Convo**。Convo 是一个基于 Web3 的社交平台，它提供了一套工具和基础设施，让用户能在不同的网络上创建、管理和控制他们的对话。在 Convo 上，用户始终对自己生成的所有对话数据拥有完全的控制权。这些数据与用户的去中心化身份相关联，未经用户授权，任何其他应用都无法修改这些数据。这确保了用户的数据隐私和安全。Convo 提供了一套简单易用的 API，让开发者可以轻松地在 Web3 上构建应用。同时，Convo 还利用了基于 IPFS 和 Libp2p 的 ThreadDB 进行存储，使得用户的数据可以独立于任何特定的接口存在。

- **CyberConnect**。CyberConnect 是一个去中心化的社交图谱协议，旨在帮助 Web3 应用建立和发展其社区和网络影响力。CyberConnect 提供了一整套丰富的工具和 API，使开发者能够轻松地构建出丰富、有意义的社交体验。这些工具和 API 能帮助开发者快速集成社交功能到他们的应用，无须从零开始开发。CyberConnect 让用户能够真正拥有他们在社交网络中的身份信息、所发布的内容和与其他人的联系。这意味着用户有权控制和管理自己的数据，而不是让中心化的社交媒体平台来控制。这种以用户为中心的设计理念有助于保护用户的隐私和数据安全。

- **Light**。Light 旨在让更多人加入 Web3，其使命是创造一个让每个人都可以通过参与 Web3 社区来获得可持续的在线收入的世界。通过 Light，用户可以通过他们的社交活动赚取收入，例如发表内容、互动以及参与社区活动等，这使得社交媒体平台的使用者可以从中直接获利，而不只是为广告商提供流量。与传统的依赖于数据挖掘和广告的社交媒体平台不同，Light 鼓励用户完全控制他们的个人数据。Light 的 Web3

架构使用户可以选择如何、何时以及与谁分享他们的数据。

- **Linera**。Linera 是一种为 Web3 构建的基础设施，旨在解决如何实现可扩展、低延迟和低成本的区块链交易的问题。这是通过一种称为线性扩展的方法实现的，该方法允许根据用户交易需求进行实时调整系统容量。在这种设计中，每个用户的账户在每个验证器内部的单独分片中运行，从而使得每个验证器可以轻松地在需要时进一步划分分片以增加容量。

附录C　元宇宙项目列表

C.1　社交类项目

- **NVIDIA Omniverse**。NVIDIA Omniverse ™ 是一款强大的多 GPU 实时模拟和协作平台，为设计师和创作者提供了先进的图形和模拟工具。基于通用场景描述（Universal Scene Description，USD）和 NVIDIA RTX ™技术，Omniverse 可以帮助个人和团队构建、模拟并渲染复杂的 3D 环境和虚拟世界。例如，Omniverse 使团队可以在一个共享的虚拟环境中协同工作，无论他们身处何处，这对于远程工作的设计师和艺术家来说非常有用。此外，Omniverse 利用 NVIDIA RTX 技术提供高级的实时光线追踪和物理模拟。这意味着用户可以在虚拟环境中创建和查看极其逼真的场景和效果。Omniverse 支持许多主流的 3D 创作工具，如 Maya、Blender、虚幻引擎（Unreal Engine）等。这使得从这些工具中导入和导出 3D 模型和场景变得非常容易。

- **Second Life**。Second Life 是一个由 Linden Lab 公司于 2003 年创立的在线虚拟世界。这个世界完全由其用户（也称为居民）根据平台提供的 3D 建模工具来搭建。在这个虚拟世界里，用户可以创建和控制自己的化身（avatar），并与其他用户进行互动，还可以购买、拥有和出售虚拟物品和土地。用户可以自由地选择自己的身份和外观。他们可以选择变成任何他们想要的东西，无论是现实生活中的职业，还是更加奇特和非凡的角色。用户可以通过聊天、即时消息和语音通信等方式进行社交，还可以通过参加各种各样的社区活动和群体活动来认识新朋友。Second Life 有自己的经济体系，其中的虚拟货币叫作 Linden Dollar（L$）。用户可以通过提供各种服务，创造和销售虚拟物品，甚至通过购买和出售虚拟土地来赚取 L$。尽管 Linden Lab 声称 Second Life 不是一款游戏，但它在很多方面都与大型多人在线角色扮演游戏（massive multiplayer online role-playing game，MMORPG）相似。然而，不同于传统的 MMORPG，Second Life 没有预设的目标或任务，用户可以自由地在其中做任何他们喜欢的事情。

- **AltspaceVR**。AltspaceVR 是一款虚拟现实社交平台，支持用户在 3D 虚拟环境中与来自世界各地的人进行交流和互动。在这个平台上，用户可以创建自己的虚拟角色，参加社区活动，如聚会、音乐会、讲座、瑜伽课等，也可以自己举办活动。它在 2017 年被微软收购，平台的某些元素出现在 Microsoft Mesh 中。

- **Bigscreen**。Bigscreen 是一个虚拟现实社交平台，允许用户以全新的方式与他人互动。在 Bigscreen 中，用户可以创建自己的化身，进入各种虚拟场景，进行多种活动。

- **Breakroom**。Breakroom 是一个虚拟世界平台，能够支持公司通过创建和定制自己的虚拟环境为其员工和客户提供一个新的互动方式。Breakroom 让用户可以举办各种线上活动，如研讨会、演讲、产品发布会等。虚拟世界使得这些线上活动更有吸引力，互动性也更强。在 Breakroom 中，公司可以创建一个充满自己品牌元素的虚拟世界，这有助于强化品牌形象，并能使客户与品牌建立更深入的联系。这个平台具有很好的可扩展性，可以根据公司的需要和规模进行调整。

- **Party Space**。Party Space 是一个虚拟世界平台，专注于举办虚拟派对和公司活动。它提供了一站式解决方案，集中了举办虚拟活动或虚拟现实混合活动所需的各种工具和功能。Party Space 提供了一个方便的票务和注册系统，让活动组织者可以轻松管理参与者的报名和入场。在 Party Space 中，用户可以创建和定制多个活动室，以适应不同的活动需求。无论是舞池、会议室、展厅还是休息区，都可以根据需要来设置。Party Space 提供了展厅功能，活动组织者可以在此展示产品、艺术作品或其他内容。用户可以在虚拟环境中观展，并与展品互动。Party Space 提供了实时聊天功能，让用户可以互相交流。用户也可以与其他用户建立联系，并扩展自己的社交网络。Party Space 允许活动组织者根据活动主题和需求进行定制和个性化设置。用户可以选择各种环境、装饰和音乐来创造独特的活动体验。

- **Hubs**。Hubs 是一个虚拟现实平台，为人们提供了一个私人的、可共享和协作的 3D 虚拟空间。使用 Hubs 创建房间时，人们可以立即拥有一个私人虚拟会议空间，无须下载任何软件或使用 VR 设备。用户只需选择一个头像，戴上耳机，就可以立即加入会议。用户可以使用语音聊天与其他与会者进行实时对话，也可以使用文本聊天在房间中发送消息。用户也可以共享各种内容，包括图片、视频、文档等。Hubs 的便利之处在于它的易用性和即时性。用户只需要访问 Hubs 的网站，创建一个房间，并邀请其他人加入即可。这使得与远程团队成员、朋友或合作伙伴进行交流变得非常简单和方便，无论他们身在何处。

- **Gather**。Gather 是一个适合工作交流和协作的平台。它为去中心化团队构建数字空间，使得虚拟交互更加人性化和有趣。Gather 提供了一个可自定义的虚拟空间，类似于沙盒游戏的场景。用户可以通过创建房间或选择现有的场景（办公室、会议室、展厅等）来建立自己的数字空间，并通过创建自己的个性化虚拟角色来进行虚拟空间中的交流和互动。

Gather 还提供了一些工具和功能，以增强协作体验。用户也可以在虚拟空间中共享屏幕、文档、图片等，便于进行实时的讨论和协作。同时，用户还可以创建任务列表、白板等工具，方便团队成员协同工作和跟进进度。

- **flat.social**。flat.social 是一个新型的虚拟会议中心，旨在帮助远程团队进行社交、协作和虚拟交流。它提供了创建自己的会议空间并邀请参会者的功能，并且可以在几分钟内完成设置。flat.social 被设计成一种独特、有趣和富有创意的工具，用于运行在线会议和虚拟活动。它的目标是让用户在工作中获得生产力的喜悦，体验完成工作的乐趣。在 flat.social 中，用户可以创建自己的会议空间（办公室、会议室、休息室等），并根据需要进行定制和装饰。flat.social 还提供了各种工具和功能，以提升虚拟交流的体验。

- **Uhive**。Uhive 是一个融合了 AI 增强体验、区块链技术和下一代通证经济的社交网络，旨在革新用户的在线社交体验。该平台提供了包括原创视频、虚拟现实等多种内容，同时还支持加密货币，用户可以用其进行交易和获得奖励。此外，Uhive 还提供了分布式的管理和言论自由，以及互动功能和虚拟房地产。

- **Kode**。Kode 是一个专注于运动的元宇宙空间，它提供了让用户通过化身参与各种活动的体验。在 Kode 中，用户可以选择不同的运动项目，例如在公园跑步、踢足球、打网球、打乒乓球等。Kode 的操作相对简单，用户可以通过键盘、鼠标或者其他输入设备控制自己的化身进行各种运动。Kode 的目标是为用户提供一种沉浸式的体验，让他们能够在虚拟空间中享受运动的乐趣。

C.2 沙盒类内容构建项目

- **Decentraland**。Decentraland 是一个基于浏览器的 3D 虚拟世界平台，使用以太坊区块链的 MANA“数字货币”作为交易媒介。在 Decentraland 中，用户可以购买虚拟土地作为 NFT。Decentraland 的虚拟土地被划分为许多块，每块土地称为 LAND。用户可以使用 MANA“数字货币”购买 LAND，并成为其拥有者。这些 LAND 可以用于创建、展示和交易虚拟内容，例如建筑物、艺术品、游戏等。用户可以在自己的 LAND 上进行自由的创作和互动，构建个性化的虚拟世界。此外，Decentraland 还允许设计师为虚拟世界中的化身创造和销售服装及配饰。这使得用户可以个性化定制自己的化身，并通过交易购买其他设计师创作的虚拟服装和配饰。

- **metaverses**。metaverses 平台提供了探索元宇宙以及托管用户自己的元宇宙的功能。使用该平台，用户可以在几分钟内创建自己的 3D 虚拟元宇宙场地。通过空间视频和音频，用户可以与每个场地里的人进行环聊，但是环聊人数不超过 100。metaverses 平台允许用户将多个场地链接在一起，以容纳更多参会者。这样，用户可以创建更大规模的元宇宙体验活动，使更多的人能够参与其中。metaverses 平台支持 WebXR + WebRTC 技术，允许在各种设备上访问，包括手机、平板计算机、台式计算机以及沉浸式 VR 设备（如 Oculus 和 Vive）和增强现实设备（如 Hololens 和 MagicLeap）。这意味着用户无须下载任何额外的软件，就可以通过各种设备访问和加入元宇宙。

- **Voxels**。Voxels 是一个用户拥有的虚拟世界平台。在 Voxels 中，玩家可以通过购买虚拟土地来建造自己的虚拟空间，并进行自定义和创作。用户能够创造出个性化的虚拟世界，并与其他玩家分享和互动。另外，Voxels 还支持可穿戴的 NFT，即用户可以使用 NFT 来自定义和装饰他们的化身。这意味着玩家可以通过拥有和买卖不同的 NFT 来个性化定制他们的虚拟形象，使其在 Voxels 中表现得与众不同。

- **Nifty Gateway**。Nifty Gateway 是一个 NFT 市场，旨在为初学者、专家和中间人提供服务，使他们无须担心支付 gas 费和交易失败的麻烦。该市场与顶级艺术家和品牌合作，创建了一系列限量版、高质量的NFT，这些NFT仅在该平台上独家提供。在Nifty Gateway上，用户可以获得自己真正拥有的数字藏品。这里的数字藏品指的是以数字形式存在的艺术品、收藏品、游戏物品等。在过去，数字藏品已经存在了很长时间，但是它们通常被视为无法真正拥有的虚拟物品。然而，通过区块链技术的应用，特别是NFT，Nifty Gateway为用户提供了真正拥有和交易数字藏品的机会。每个NFT都是独一无二的，可以追溯其所有权和真实性。这意味着用户可以确保他们所拥有的数藏物品的独特性和稀缺性。使用Nifty Gateway，用户可以购买和销售各种数字藏品，这些数字藏品以NFT的形式存在于区块链上。Nifty Gateway也提供了一个市场和平台，使用户能够用数字货币（通常是以太币）购买和拥有这些数字藏品。这为艺术家、设计师和收藏家创造了新的机会和市场，也为用户提供了独特的数字所有权体验。

作者简介

黄华威 中山大学“百人计划”副教授，博士生导师，IEEE 高级会员，中国计算机学会（CCF）高级会员。CCF 区块链专委会执行委员，CCF 分布式与并行计算专委会执行委员。2016 年取得日本会津大学计算机科学与工程博士学位。曾先后担任日本学术振兴会特别研究员、香港理工大学访问学者、日本京都大学特任助理教授。研究方向包括区块链底层机制、分布式系统与协议、Web3 与元宇宙底层关键技术。研究成果发表在 CCF-A 类推荐期刊 ToN、JSAC、TPDS、TDSC、TMC 与 TC 等，以及高水平国际学术会议 INFOCOM、ICDCS、SRDS、IWQoS 等。出版 Springer 英文学术专著 2 本 *From Blockchain to Web3 & Metaverse* 与 *Blockchain Scalability*. 曾组织多个区块链专刊、区块链国际研讨会与 CCF 区块链技术论坛，例如曾在顶刊 IEEE JSAC 举办区块链专刊。主持多项科技部和广东省重点研发计划课题，主持国家自然科学研究基金面上项目和青年科学基金项目、CCF- 华为胡杨林基金区块链专项项目，以及多项广东省和广州市科技计划项目。开源区块链科研实验平台 BlockEmulator（blockemulator.com）。实验室主页 xintelligence.pro，研究组微信公众号 Huang-Lab。

杨青林 中山大学助理研究员，IEEE 会员。2021 年 3 月取得日本会津大学计算机科学与工程博士学位。研究方向包括智能边缘云、深度学习、联邦学习隐私保护、Web3。发表 10 余篇国际期刊与会议论文。曾担任 *IEEE Open Journal of Computer Science*（OJ-CS）专刊客座编委成员。参与多项国家重点研发计划课题、国家自然科学基金面上项目的研发工作。

林建入 资深程序员，唬米科技创始人，同时也是中山大学区块链实验室技术指导。在去中心化系统、智能合约语言与虚拟机的设计与实现方面拥有丰富经验。《高伸缩性系统》中文版译者。

郑子彬 中山大学教授，软件工程学院副院长。国家优秀青年科学基金获得者，IEEE 会士，ACM 杰出科学家，国家数字家庭工程技术研究中心副主任，区块链与智能金融研究中心主任。出版 Springer 英文学术专著 2 部，发表论文 200 余篇，论文谷歌学术引用超过 3 万次。获得教育部自然科学奖二等奖、吴文俊人工智能自然科学奖二等奖、青年珠江学者、ACM 中国新星奖提名奖、国际软件工程大会（ICSE）杰出论文奖、国际 Web 服务大会（ICWS）最佳学生论文奖等奖项。担任数十个国际学术会议的程序委员会主席。

编写委员会其他成员

罗肖飞 中山大学博士后研究员，获得日本会津大学“计算机科学与工程”硕士、博士学位，曾参与日本文部省 RFID（无线射频标识）项目的研发等相关工作。目前的研究方向为区块链、支付通道网络、强化学习等。相关研究成果发表在 CCF-A 类期刊，以及其他知名国际期刊与会议论文集。罗肖飞博士负责本书的“数字货币”相关章节的写作。

李涛涛 博士，现为中山大学软件工程学院副研究员，研究兴趣包括区块链理论与技术应用及应用密码，具体包括侧链技术、跨链协议、轻量级区块链，以及密码工具在区块链中的应用。参与多项国家级与省部级重点研发计划与课题，近年来在 CCF 推荐国际学术会议和期刊上发表多篇论文。李涛涛博士负责本书的跨链协议相关章节的写作。

参考文献

[1] 徐璐, 曹三省, 毕雯婧, 等. Web2.0 技术应用及Web3.0发展趋势[J]. 中国传媒科技, 2008(5):3.

[2] Ramakrishnan S. Web 3.0: The Evolution[J]. ITNOW, 2022(2):2.

[3] Victoria Shannon. A More Revolutionary Web[EB/OL]. The New York Times, 2006-05-13 [2023-04-25].

[4] Gavin Wood. Dapps: What Web3.0 Looks Like[EB/OL]. 2014-04-17[2023-04-25].

[5] MetaMask Community. A Crypto Wallet & Gateway to Blockchain Apps[EB/OL]. 2022-09-17[2023-04-25].

[6] Lukas Lukac. A Technical Guide to IPFS-the Decentralized Storage of Web3[EB/OL]. 2021-06-21[2023-04-25].

[7] Jeffrey Zeldman. Web 3.0[EB/OL]. A List Apart, 2006-01-17[2023-04-25].

[8] 孙毅, 范灵俊, 洪学海. 区块链技术发展及应用：现状与挑战[J]. 中国工程科学. 2021(2018-2):27-32.

[9] Dixit P, Bansal A, Rathore P S, et al. An Overview of Blockchain Technology: Architecture, Consensus Algorithm, and Its Challenges [M]. Blockchain Technology and the Internet of Things, 2020.

[10] Arjomandi-Nezhad A, Fotuhi-Firuzabad M, Dorri A, et al. Proof of Humanity: A Tax-aware Society-Centric Consensus Algorithm for Blockchains[J]. Peer-to-Peer Networking and Applications, 2021, 14(6):3634-3646.

[11] Kara M, Laouid A, Alshaikh M, et al. A Compute and Wait in PoW (CW-PoW) Consensus Algorithm for Preserving Energy Consumption[J]. Applied Sciences, 2021, 11.

[12] Sabt M, Achemlal M, Bouabdallah A. Trusted Execution Environment: What It is, and What It is Not[C]. 2015 IEEE Trustcom/BigDataSE/ISPA.IEEE, 2015.

[13] Oasis Protocol Project. The Oasis Blockchain Platform. [EB/OL]. 2020-06-23 [2023-04-25].

[14] 魏丽婷, 郭艳, 贺梦蛟. 非同质化代币(NFT)：逻辑,应用与趋势展望[J]. 经济研究参考, 2022(004):000.

[15] 韩亚峰. 数字账本技术非同质化代币的特征与安全挑战[J]. 中国信息安全, 2022(001):000.

[16] 秦蕊, 李娟娟, 王晓, 等. NFT：基于区块链的非同质化通证及其应用[J]. 智能科学与技术学报, 2021, 3(2):9.

[17] RareBearsByEnox. Rare Bears NFT-Official [EB/OL]. 2022-05[2023-04-25].

[18] NBA Top Shot. Marketplace[EB/OL]. 2019-07[2023-04-25].

[19] ForesightNews. NFT简史：跨越六十年的NFT群星闪耀时刻[EB/OL]. 2022-10-27 [2023-04-25].

[20] Kirsty Moreland. 什么是非同质化代币 (NFT)?[EB/OL]. 2022-09-05[2023-04-25].

[21] 欧易交易所. Bitcoin价格[EB/OL]. 2023-04-25[2023-04-25].

[22] Blackmore S. The POWER OF MEMES[J]. Scientific American, 2000, 283(4):52-61.

[23] 林永青. 何为通证经济[J]. 金融博览, 2019(1):2.

[24] 中央纪委国家监委网站. 元宇宙如何改写人类社会生活 [EB/OL]. 2021-12-23 [2023-04025].

[25] 龚才春. 中国元宇宙白皮书[R/OL]. 2022-01-26[2023-04-25].

[26] 古斯塔夫・勒庞. 乌合之众：大众心理研究[M]. 桂林：广西师范大学出版社, 2007.

[27] 赵国栋, 易欢欢, 徐远重, 等. 一文读懂“元宇宙”[J]. 现代阅读, 2021(12):3.

[28] Aleena Chia. The Metaverse, but Not the Way You Think: Game Engines and Automation beyond Game Development[J]. Critical Studies in Media Communication, 2022.

[29] Qinglin Yang, Yetong Zhao, Huawei Huang, et al. Fusing Blockchain and AI with Metaverse: A Survey[J]. IEEE Open Journal of the Computer Society. 2022, 3:122–136.

[30] Vitalik Buterin. And We Finalized[EB/OL]. 2022-09-15[2023-04-25].

[31] Uriel Singer, Adam Polyak, Thomas Hayes, et al. Make-a-video: Text-to-Video Generation without Text-Video Data[EB/OL]. 2022-09-29[2023-04-25].

[32] Jonathan Ho, William Chan, Chitwan Saharia, et al. Imagen Video: High Definition Video Generation with Diffusion Models[EB/OL]. 2022-10-05[2023-04-25].

[33] 百度. Ernie-vilg文生图[EB/OL]. 2022-01-10[2023-04-25].

[34] 杨强. 可解释人工智能导论[M]. 北京：电子工业出版社, 2022.

[35] Long Ouyang, Jeff Wu, Xu Jiang, et al. Training Language Models to Follow Instructions with Human Feedback[EB/OL]. 2022-03-04[2023-04-25].

[36] Johnston R. Nature, State and Economy: A Political Economy of the Environment[J]. Applied Geography, 1996, 17(1):79.

[37] 刘哲昕. 系统经济法论：经济法本质及其与WTO关系研究[M]. 北京：北京大学出版社, 2006.

[38] 罗良清, 龚颖安. 虚拟经济的本质及影响实体经济的机理[J]. 江西财经大学学报, 2009(2):5.

[39] 高智谋. Libra 彻底破产？扎克伯格挑战主权货币完败[EB/OL]. 2022-01-26[2023-04-25].

[40] 市场咨询. 报道称母公司 Meta 面临另一项反垄断调查[EB/OL]. 2022-01-15[2023-04-25].

[41] 卢现祥. 新制度经济学[M]. 武汉：武汉大学出版社, 2004.

[42] 张曙光. 论制度均衡和制度变革[J]. 经济研究, 1992(6):7.

[43] 刘和旺, 颜鹏飞. 论诺思制度变迁理论的演变[J]. 当代经济研究, 2005(12):4.

[44] Kokii. Web3 的底层逻辑：制度经济学视角[EB/OL]. 2022-08-27[2023-04-25].

[45] Saffron Huang, Josh Stark. Who Will Control Crypto[EB/OL]. 2022-08-23[2023-04-25].

[46] 每日经济新闻. 清华大学教授沈阳：元宇宙对算力的要求是目前 1000 倍以上，中国有 10 多年窗口期突破核心技术[EB/OL]. 2022-03-10[2023-04-25].

[47] 天风证券股份有限公司. 元宇宙系列报告一：探索元宇宙框架，生产力的第三次革命[EB/OL]. 2021-09-14[2023-04-25].

[48] Wang S, Ding W, Li J,et al. Decentralized Autonomous Organizations: Concept, Model, and Applications[J]. IEEE, 2019(5).

[49] SeeDAO community. Dao It, Do It[EB/OL]. 2022-09-06[2023-04-25].

[50] GitCoin. Build and Fund the Open Web Together[EB/OL]. 2022-09-06[2023-04-25].

[51] Cult.DAO. Cult.DAO: the Manifesto[EB/OL]. 2022-05-11[2023-04-25].

[52] VION WILLIAMS. 加密精英的傲慢：对 DAO 的深层批判 / 论 DAO 的七宗罪 /DAOS 微观权力结构[EB/OL]. 2022-06-01[2023-04-25].

[53] Aragon. Govern Better, Together. Build Your DAO Now[EB/OL]. 2022-09-06[2023-04-25].

[54] Colony. The Best Way to Build Your Dao[EB/OL]. 2022-09-06[2023-04-25].

[55] DAOstack. Building Collaborative Networks[EB/OL]. 2022-09-06[2023-04-25].

[56] Snapshot. Where Decisions Get Made[EB/OL]. 2022-09-06[2023-04-25].

[57] Btcwbo. DAO 投票平台 Snapshot 为啥值得关注[EB/OL]. 2022-03-01)[2023-04-25].

[58] The SeeDAO. 你真的理解 DAO 激励和奖励吗[EB/OL]. 2022-08-01)[2023-04-25].

[59] Ethereum. <DAO ATTACK> Exchanges Please Pause ETH and DAO Trading, Deposits and Withdrawals until Further Notice. More Info Will Be Forthcoming ASAP[EB/OL].2016-06-05[2023-04-25].

[60] Christoph Jentzsch. The History of the DAO and Lessons Learned[EB/OL]. 2016-08-24[2023-04-25].

[61] E Glen Weyl, Puja Ohlhaver, Vitalik Buterin. Decentralized Society: Finding Web3's Soul[J]. Social Science Research Network (SSRN). 2022:4105763.

[62] 虎嗅App. Web3 革命：逃离、信仰、大迁徙[EB/OL]. 2022-04-26[2023-04-25].

[63] 李伟. 区块链是 Web3.0 时代的核心基础设施[EB/OL]. 2022-09-02[2023-04-25].

[64] Opensea Developers. Metadata Standards[EB/OL]. 2022-09-06[2023-04-25].

[65] Filecoin Slack. What is Filecoin[EB/OL]. 2023-01-25[2023-04-25].

[66] Web3数据要素社. Web3 中的数据存储 | 去中心化永久存储：IPFS[EB/OL]. 2022-05-18[2023-04-25].

[67] CoinYuppie. Arweave: An Experiment in Permanent Storage[EB/OL]. 2021-04-19[2023-04-25].

[68] Laszlo Fazekas. A Brief Introduction to Ethereum Swarm[EB/OL]. 2022-02-14[2023-04-25].

[69] STORJ. A Better Way to Store Data[EB/OL].2022-09-06[2023-11-01].

[70] Hashkey Hub. 万字讲透去中心化存储[EB/OL]. 2020-02-18[2023-04-25].

[71] W3C. Decentralized Identifiers (DIDS) v1.0[EB/OL]. 2021-11-11[2023-04-25].

[72] W3C. A Primer for Decentralized Identifiers[EB/OL]. 2021-11-11[2023-04-25].

[73] Jia Shi, Xuewen Zeng, Rui Han. A Blockchain-Based Decentralized Public Key Infrastructure for Information-Centric Networks[J]. Information. 2022,13(5):264.

[74] 张开翔. 数字时代的身份基础设施建设[EB/OL]. 2020-06-30[2023-04-25].

[75] AMBER Group. Decentralized Identity: Passport to Web3[EB/OL]. 2021-11-23 [2023-04-25].

[76] BrightID. Bright DAO is Here[EB/OL]. 2021-09-17[2023-04-25].

[77] WeIdentity. Weidentity文档[EB/OL]. 2021-00-00[2023-04-25].

[78] DID 开发者中心. 系统架构[EB/OL]. 2022-07-22[2023-04-25].

[79] Cosimo Sguanci, Roberto Spatafora, Andrea Mario Vergani. Layer 2 Blockchain Scaling: A Survey[EB/OL]. 2021-07-22[2023-04-25].

[80] Microsoft Security. Decentralized Identity and Verifiable Credentials Ownership, Control, and Trust for a Digital World[EB/OL]. 2023-07-11[2023-11-01].

[81] DIF. Sidetree v1.0.0[EB/OL]. 2017-10-11[2023-04-25].

[82] Pamela Dingle. ION–We Have Liftoff[EB/OL].2021-03-25[2023-04-25].

[83] The Identity Hub. Welcome to the Identity Hub[EB/OL]. 2021-06-00[2023-04-25].

[84] Windley P J. Sovrin: An Identity Metasystem for Self-Sovereign Identity[J].Frontiers in Blockchain, 2021, 4.

[85] Nitin Naik, Paul Jenkins. uPort Open-Source Identity Management System: An Assessment of Self-Sovereign Identity and User-Centric Data Platform Built on Blockchain[C]. In 2020 IEEE International Symposium on Systems Engineering (ISSE), 04 December, 2020. Vienna, Austria.

[86] UNIPASS. Your Passport to Studying Overseas[EB/OL]. 2021-01-00 [2023-04-25].

[87] ARCx. A Guide to Increasing Conversion and Retention[EB/OL]. 2023-04-12 [2023-04-25].

[88] RabbitHole. Learn and Earn Crypto by Using the Best Web3 Applications[EB/OL]. 2023-01[2023-04-25].

[89] 数据治理研究. 腾讯关闭幻核：规避风险，抢占赛道[EB/OL]. 2022-07-20 [2023-04-25].

[90] 上海市发展和改革委员会. 上海市数字经济发展“十四五”规划[EB/OL]. 2022-07-12[2023-04-25].

[91] Duan H, Li J, Fan S, et al. Metaverse for Social Good: A University Campus Prototype[C]. Proceedings of the 29th ACM International Conference on Multimedia, October 20 - 24, 2021. Virtual Event China.

[92] Chenglin Pua. 元宇宙大学正在就位[EB/OL]. 2022-09-26[2023-04-25].

[93] Kshetri, Nir, Diana Rojas-Torres, Mark Grambo. The Metaverse and Higher Education Institutions[J]. IT Professional. 2022,24(6): 69-73.

[94] 2MINERS. Ethereum PoW算力[EB/OL]. 2021-09-06[2023-04-25].

[95] Mohammad Musharraf. What is the Blockchain Trilemma[EB/OL]. 2021-11-15 [2023-04-25].

[96] E Buchman Tendermint. Byzantine Fault Tolerance in the Age of Blockchains[D/OL]. University of Guelph, Ontario, 2016-00-00[2023-04-25].

[97] Gavin Wood. Polkadot: Vision for a Heterogeneous Multi-Chain Framework[J]. Computer Science. 2016, 21:2327–4662.

[98] BIS Innovation Hub. Inthanon-LionRock to mBridge: Building a Multi CBDC Platform for International Payments[EB/OL]. 2021-09-28[2023-04-25].

[99] 福布斯. 福布斯发布 2022 年全球区块链 50 强，蚂蚁、腾讯、百度等中国企业上榜[EB/OL]. 2022-02-09[2023-04-25].

[100] 区块链大本营. 福布斯：2022 区块链 50 强榜单[EB/OL]. 2022-02-11[2023-04-25].

[101] 树图区块链研究院. 让区块链变成人人可用的工具，上海原创 Web3.0 操作系统是如何诞生的[EB/OL]. 2022-10-29[2023-04-25].